선생님도 모르는
우주 이야기

★ 청 소 년 이 꼭 알 아 야 할 우 주 상 식 1 0 0 가 지 ★

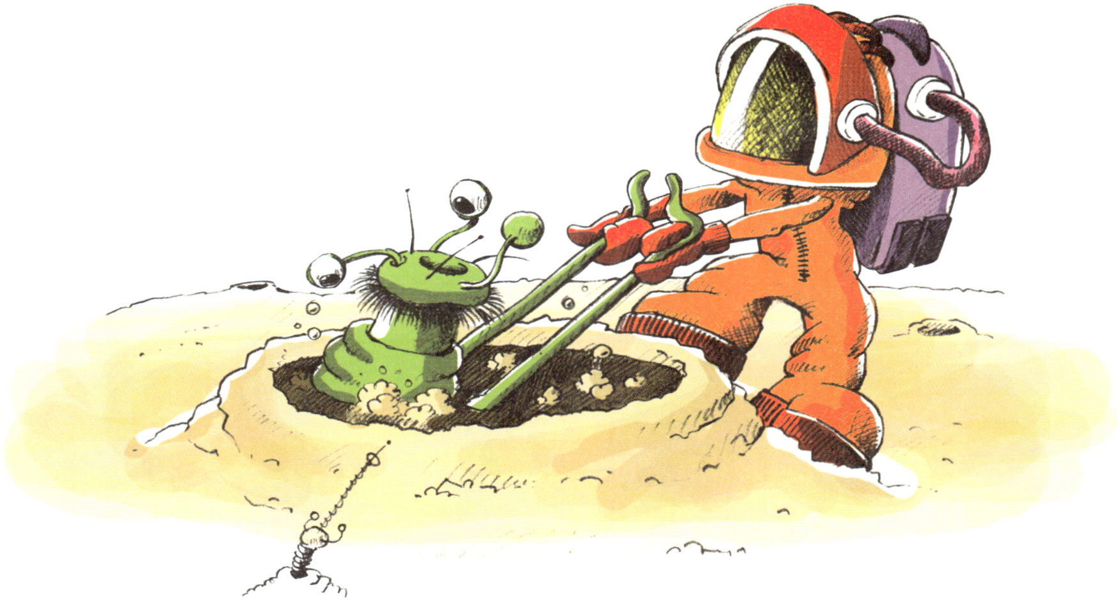

선생님도 모르는 우주 이야기

당연하다고 생각한 우주 지식들에는 잘못 알고 있던 것들이 많다. 혜성은 언제나 꼬리를 달고 있을까? 항성은 정말 움직이지 않을까? 이런 궁금증 100가지에 대한 명쾌한 답을 제시한다.

라이너 괴테 지음 | 신혜원 옮김 | 손영운 감수

과학 시간이 재미있어지는 신비한 우주 이야기

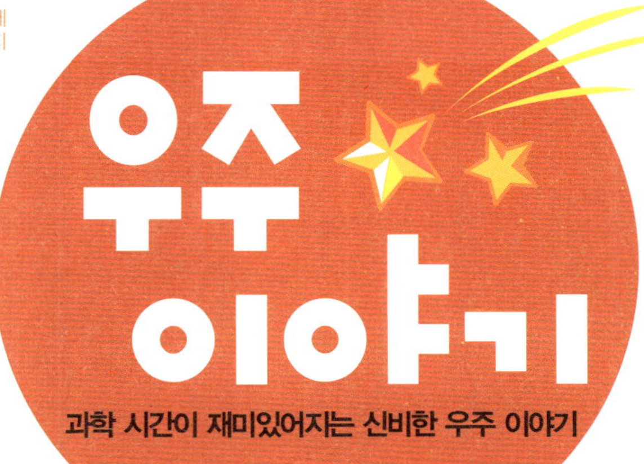

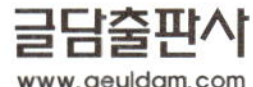

글담출판사
www.geuldam.com

02

아직 풀리지 않은 우주의 신비

03

사람들이 만들어낸 엉뚱한 우주 이야기

우주의 재미있는 기본 지식들

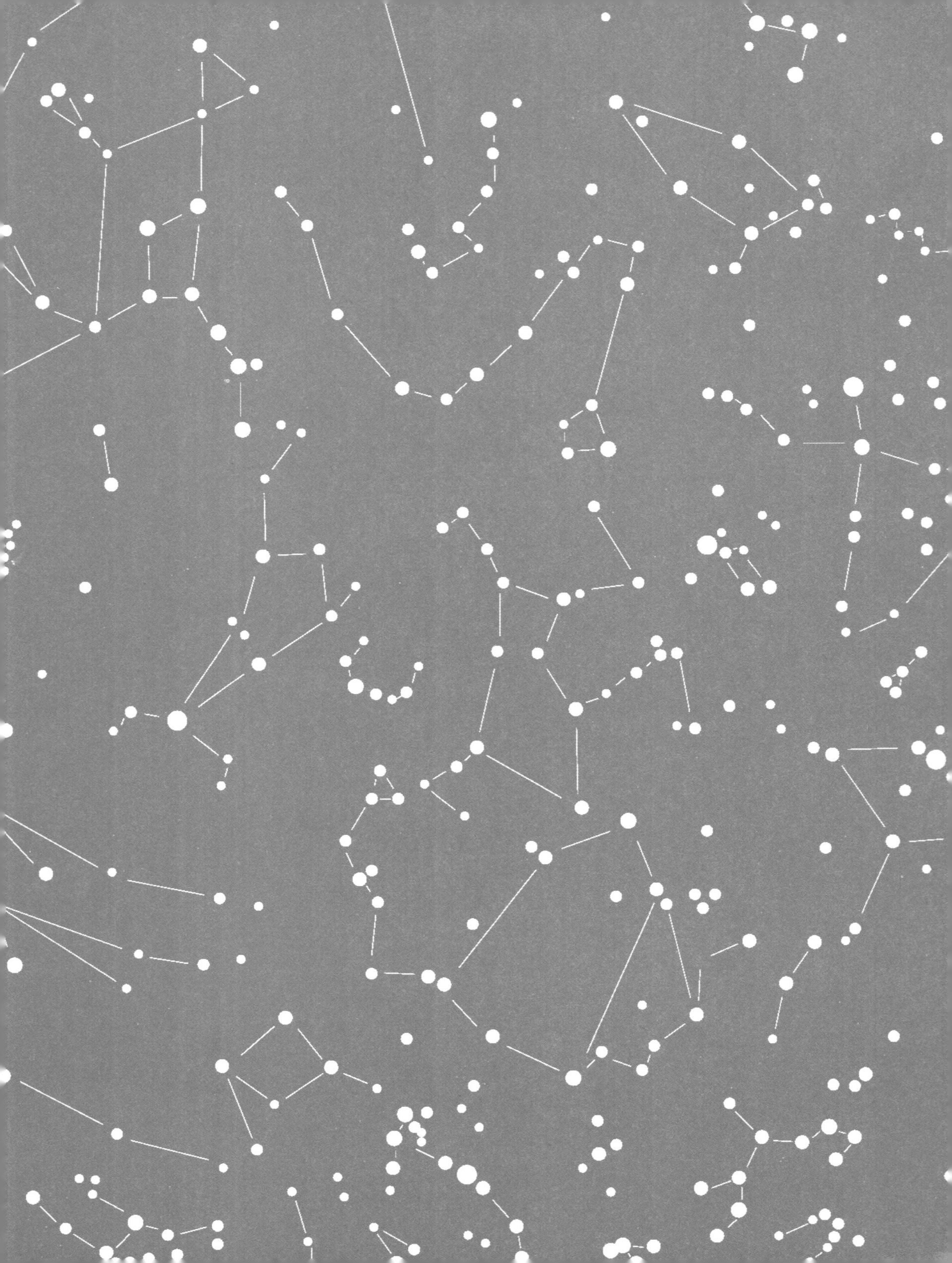

이

오해하고 있는 우주 상식

★하늘에는 아침별과 저녁별이 따로 있다? ★지구는 24시간에 한 번씩 자전한다? ★광년은 긴 시간이다? ★가장 밝은 별이 우리와 가장 가까운 별이다? ★모든 천체는 공 모양이다? ★항성은 움직이지 않는 별일까? ★북두칠성은 별자리 이름이다? ★오직 달에만 크레이터가 있다? ★지구는 매끈한 공 모양이다? ★지구의 그림자가 달의 모양을 변하게 한다? ★달은 오직 밤에만 빛난다? ★태양은 동쪽에서 떠오르고 서쪽으로 진다? ★토성은 고리가 있는 유일한 행성이다? ★화성은 지구와 가장 가까운 행성이다? ★혜성은 언제나 꼬리를 달고 있다? ★배율이 높은 망원경이 최고의 망원경이다? ★명왕성은 언제나 태양에서 가장 먼 행성이다? ★태양계의 범위는 명왕성의 궤도까지이다? ★우리의 태양은 은하수에서 가장 밝은 별이다? ★우주망원경이 가장 큰 망원경이다?

하늘에는 아침별과 저녁별이 따로 있다?

옛날에는 금성에 두 가지 이름이 있었다고 한다. 금성이 나타나는 위치가
아침과 저녁이 달라서라는데, 어떤 이유가 숨어 있는 걸까?

아주 오래전, 고대 그리스인들은 아침별과 저녁별이 따로 있다고 믿었다. 그래서 저녁에 밝게 빛나는 별을 가리켜 '헤스페로스Hesperus, 그리스어로 '저녁'이라는 뜻'라고 불렀으며, 일출을 예고하듯 새벽에 반짝이는 별에게는 '포스포로스Phosphorus, 그리스어로 '빛의 운반인'이라는 뜻'라는 이름을 붙였다. 기원전 520년경이 되어서야 비로소 철학자 피타고라스는 이 두 가지가 결국은 똑같은 별, 곧 금성이라고 주장했다.

그런 것을 보면 그리스인들은 '눈치가 빠른 사람들'은 아니었던 모양이다. 이미 천 년 전쯤에, 수학과 천문학에서 대단히 뛰어났던 바빌로니아인들도 같은 생각을 했기 때문이다. 어쩌면 피타고라스도 바빌로니아인들에게 힌트를 얻었을지도 모르겠다.

우리 눈에 보이는 금성의 모습이 이처럼 시간에 따라 다른 이유는 행성들이 태양 주위를 돌고 있다는 코페

르니쿠스의 지동설로 설명할 수 있다. 금성은 지구보다도 더 가까운 거리에서 태양의 둘레를 돌고 있다. 그래서 우리는 금성이 태양의 오른쪽에 있을 따는 아침별로 보고, 태양의 왼쪽에 있을 때는 저녁별로 보게 된다. 그리고 금성이 태양과 아주 가까이에 있을 때는 특수한 천체망원경을 사용하지 않으면 관측하기가 매우 어렵다.

★ 재미있는 우주 상식!

금성 태양계에서 태양에 두 번째로 가까운 행성이며, 태양과 달 다음으로 밝은 천체다. 서양에서는 미의 여신인 비너스의 이름을 따서 붙였고, 우리나라에서는 샛별이라 불렸다. 금성은 다른 행성들과는 반대 방향으로 자전한다. 따라서 금성에서는 태양이 서쪽에서 떠서 동쪽으로 진다.

행성 태양 주위를 타원 궤도로 도는 천체들을 통틀어 행성이라 하는데, 수성, 금성, 지구, 화성, 목성, 토성, 천왕성, 해왕성, 명왕성 등이 있다. 따라서 금성을 별이라 부르는 것은 과학적으로 잘못된 것이고, 행성으로 불러야 한다.

picture & tip

*코페르니쿠스(1473~1543) : 폴란드의 천문학자로 태양중심설(지동설)을 체계적으로 주장했다. 이를 통해 중세 유럽의 우주관을 바꾸는 계기를 만들었다.

지구는 24시간에 한 번씩 자전한다?

하루는 24시간이고, 이것은 지구가 자전을 하는 시간과 같다고 배웠다. 그런데 사실 지구가 한 번 자전하는 데 걸리는 시간은 그보다 짧다. 이유가 뭘까?

우리는 지구가 24시간에 한 번씩 자전한다고 학교에서 배운다. 24시간은 하루이고, 하루라는 단위는 지구가 한 번 자전하는 데 걸리는 시간을 의미하기 때문이다.

그러나 이 말은 정확한 표현이 아니다. 더 엄밀하게 말하자면 우리가 흔히 말하는 하루는 지구의 자전이 아니라 태양을 기준으로 정해진 것이기 때문이다. 태양이 가장 높이 있을 때, 곧 남중했을 때부터 그 다음 남중 때까지의 시간 간격이다. 이때는 실제로 24시간이 걸린다. 그러나 지구가 한 번 자전을 하는 데 걸리는 시간은 그보다 약간 짧은 23시간 56분 4초로 이 시간은 멀리 떨어진 별을 기준으로 측정한 것이다.

그렇다면 이런 차이가 왜 생기는 것일까? 지구는 자전만 하는 것이 아니라 이와 동시에 공전을 하므로 지구가 한 번 자전을 할 때 약 $1°$ 정도로

picture & tip

*지구 : 태양으로부터 세번째 궤도를 돌며, 위성인 달을 가지고 있다. 또한 엷은 대기층으로 둘러싸여 있고, 특유한 지구 자기를 가지고 있다. 지금까지 알려진 바로는 전 우주에서 고등생물이 서식하는 유일한 천체이다.

공전 궤도에서 조금씩 앞으로 나아가기 때문이다. 그러므로 지구에서 볼 때 태양은 언제나 하늘의 똑같은 자리에 있는 것이 아니다. 이러한 이유 때문에 하루와 지구 자전 주기 사이에는 매일 약 4분^{이것은 하루의 360분의 1에 해당된다.}의 시간 차이가 생기는 것이다.

★ 재미있는 우주 상식!

자전 하나의 천체가 자신의 무게중심을 지나는 직선을 회전축으로 해서 회전하는 현상. 한 번 회전하는 데 걸리는 시간을 자전 주기라 한다.

공전 하나의 천체가 다른 천체의 둘레를 크게 도는 것을 공전이라 한다. 달이 지구를 돌고, 지구가 태양을 도는 것을 예로 들 수 있다.

소설가들은 아주 긴 시간을 표현할 때, 천문학적인 용어를 사용하기도 한다. "그가 마침내 그녀를 다시 만나기까지는 몇 광년의 시간이 흘렀다……."

그러나 이것은 완전히 잘못된 표현이다. '광년'이란 단어가 주는 인상에도 불구하고 이것은 시간의 단위가 아니라 거리의 단위이다. 1광년이란 완전히 빈 우주를 통과해 질주하는 빛이 1년 동안 나아가는 거리를 뜻한다. 빛은 우리가 알고 있는 한 우주에서 가장 빠른 속도로 1초에 약 300,000킬로미터를 갈 수 있다. 이 속도로 빛은 1초 동안에 지구 둘레를 7번 이상 돌 수 있고, 1년 동안에 가는 거리를 과학자들은 광년이라 부른다.

우주의 거리는 우리가 상상할 수 없을 정도로 멀기 때문에 천문학자들은 광년이라는 단위를 자주 사용한다. 태양에서 가장 가까운 별은 약 4.3광년 떨어져 있고 은하수의 중심부까지는 그 거리가 26,000광년이 넘는다. 그리고 우리가 이웃 은하인 안드로메다은하를 방문하기 위해서는 270만 광년이나 되는 거리를 여행해야 한다. 그리고 지금까지 관찰된 가장 먼 은하의 빛은 130억 광년이 떨어져 있는데, 그 은하에서 오는 빛은 130억 년이 넘도록 아직도 우리에게 오는 중이다. 그 빛이 발사되었을 당시에는 태양도 지구도 없었고, 어쩌면 우리 은하 자체가 전혀 존재하지 않았을지도 모른다.

가장 밝은 별이 우리와 가장 가까운 별이다?

하늘에 떠 있는 별들 중에서 가장 밝게 반짝이는 별이 우리와 가장 가까운 별일까?
그게 아니라면 별의 밝기에는 거리가 아닌 다른 이유가 숨어 있는 걸까?

우리는 흔히 멀리 있는 등불일수록 희미하다고 느낀다. 이런 일상적인 관찰을 통해서 사람들은 밝은 별들은 가까운 곳에 있고 빛이 희미한 별들은 멀리 떨어져 있다고 결론 내린다.

물론 기본적으로는 거리가 멀수록 별의 밝기가 약해진다는 것은 옳은 설명이다. 문제는 모든 별들이 똑같은 밝기를 가진 것이 아니라는 점이다. 각각의 별마다 그 밝기는 엄청난 차이가 있고, 거리도 아주 다르다. 그러므로 실제로 가까이 갔을 때는 아주 밝은 별이지만 매우 멀리 있기 때문에 어둡게 보이는 별들이 대부분이다.

태양에서 가장 가까운 20개의 별들 중에서 우리가 맨 눈으로 관찰할 수 있는 별들은 단지 7개뿐이다. 그리고 그 중에서 실제로 밝은 별들은 단 세 개(알파 센타우리, 시리우스, 프로키온)뿐이다.

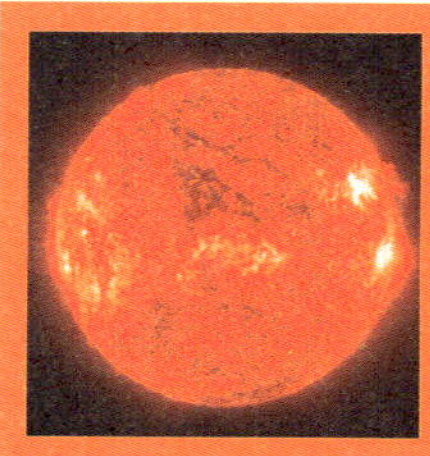

picture & tip

*태양 : 태양계의 중심으로 지구에 가장 가까운 항성이다. 태양 지름은 지구의 109배이며, 질량은 지구의 약 33만 배이다. 지구처럼 태양도 자전하는데, 지구에서 보면 평균 27일 주기로 자전한다.

　한편 천체에서 가장 밝은 20개의 별들을 거리별로 분류하면 4광년(알파 센타우리)에서 2,600광년(백조자리의 데네브)까지 다양하게 분포된다. 그러나 천체에서 가장 밝은 항성은 우리와 가장 가까운 곳에 있다. 바로 태양이다. 따라서 실제로는 별의 거리와 밝기는 관련성이 적다.

★ 재미있는 우주 상식!

별의 밝기 '등급' 기원전 150년 무렵, 그리스의 천문학자 히파르코스는 맨눈으로 볼 수 있는 별의 밝기를 숫자로 나타내어 1등성부터 6등성까지로 구분했다. 그 후 천체망원경이 발명되면서 천문학자들은 6등성보다 더 어두운 별까지 볼 수 있게 되었고, 또 별의 밝기를 정확하게 측정할 수 있는 기술도 개발했다. 별의 밝기는 숫자가 클수록 더 어둡고, 숫자가 작을수록 밝은데, 예를 들어 태양은 −26.8등성, 북극성은 2.1등성이다.

우리가 맨눈으로 볼 수 있는 태양계 대부분의 천체들은 공 모양으로 보이지만 사실은 그렇지 않고, 각각 다른 모양을 하고 있다.

약 50억 년 전의 상황으로 되돌아가보자. 우리 태양계가 있는 자리에 먼지 구름이 회전을 한다. 그리고 이 먼지 구름은 자체의 중력 때문에 점점 수축된다. 그러다가 이 구름을 구성하던 물질의 가장 큰 부분이 뭉쳐져서 태양이 된다. 나머지 부분은 태양의 주위를 돌면서 종종 서로 충돌을 하면서 크고 작은 덩어리들이 된다. 이때 각자의 인력두 물체가 서로 끌어당기는 힘 때문에 다른 덩어리들을 끌어당기고 충돌하여 점점 커지면서 큰 행성들과 위성들이 만들어진다. 그런데 이 덩어리들은 일정한 크기가 되어야 중력에 의해 공 모양을 갖출 수 있게 된다.

그러나 오늘날까지도 그런 일정한 크기에 도달하지 못한 천체들이 아주 많다. 화성과 목성의 궤도 사이에서 태양의 주위를 돌고 있는 소행성들이 대표적인 예이다. 소행성은 크기가 대부분 몇 미터밖에 되지 않거나 잘해야 수 킬로미터 정도이다. 몇 백 킬로미터에 이르는 별도 몇 개 있지만 이 정도의 크기 역시 공 모양을 이루기에는 충분하지 않다.

이런 소행성들은 작기 때문에 지구에서는 잘 관찰할 수 없다. 우주탐사선이 지구로 보낸 촬영 사진에 의해서만 이 작은 행성들의 환상적인 모습을 볼 수 있다. 그런데 이들 중 그 어떤 것도 공 모양과 비슷하지 않다. 따라서 소행성들은 몇 번의 우주 재앙으로 겨우 살아남은 예측불허의 형태를 가진 거대한 바위 덩어리라고 할 수 있다.

예를 들면, 과거에 소행성이었다가 화성의 중력에 이끌려 화성의 위성이 된 포보스는 마치 '감자' 처럼 보인다. 소행성 에로스는 '뚱뚱한 바나나' 라고 표현되었고, 소행성 클레오파트라는 '개의 뼈다귀' 에 비유되었다. 어떤 것들은 길쭉하고, 또 다른 것들은 두 개 혹은 세 개의 덩어리들이 결합된 것처럼 보인다. 모든 소행성들의 표면에는 더 작은 덩어리들의 '집중 포격' 으로 생긴 크레이터 자국들이 많이 남아 있다.

★ 재미있는 우주 상식!

태양계 태양의 인력을 중심으로 움직이는 천체들의 집단. 9개 행성, 소행성, 혜성, 유성 등이 여기에 속한다.
소행성 태양 주위를 도는 행성들보다 작은 천체로 너무 작아 눈으로는 보이지 않는다. 주로 화성과 목성의 궤도 사이에 있다.
위성 '달' 과 같이 행성의 주위를 도는 작은 천체를 말한다.

 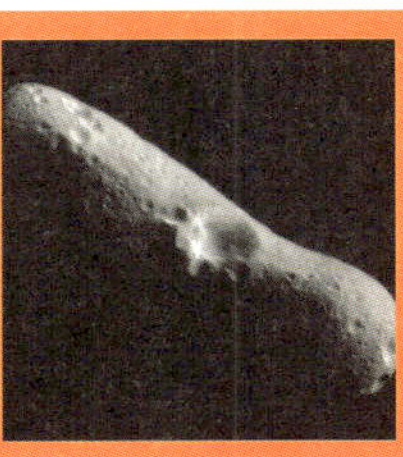

picture & tip
*포보스(좌), 에로스(우)

항성은 움직이지 않는 별일까?

움직이지 않는다고 해서 '항성'이라 이름 붙여진 별들. 이 별들이 정말로 움직이지 않고 그 자리에 고정되어 있다고 확신할 수 있을까?

만약 바빌로니아의 어느 점성술사가 오늘 자신의 무덤에서 벌떡 일어나다면 그에게는 현대의 생활이 틀림없이 매우 낯설고 전혀 이해할 수 없게 느껴질 것이다. 그러나 밤하늘을 바라보는 일만은 그에게 위로가 될 수 있을 것이다. 하늘은 지난 3,000년 동안 거의 변한 것이 없으니까 말이다. 똑같은 별들이 옛날처럼 하늘에서 반짝거리고, 그가 죽기 전에 알고 있던 별자리들이 여전히 그대로 있다.

움직이는 별을 뜻하는 행성들과는 달리 멀리 보이는 빛나는 점들을 사람들은 '항성'이라고 불렀다. 이 이름은 라틴어인 'fixus고정된'란 말에서 유래했다. 고대부터 사람들은 그런 별들이 자리를 바꾸

지 않는다고 확실하게 믿었기 때문이다. 심지어 고대 그리스인들은 그런 빛나는 점들이 수정처럼 투명한 구형의 내부에 단단하게 붙어 있다고 생각했다.

그러나 눈에 보이는 대로 항성이 움직이지 않는다고 믿는 것은 시각적인 착각일 뿐이다. 이런 착각의 원인은, 별까지의 거리는 엄청나게 멀고 상대적으로 우리의 삶은 너무 짧다는 데 있다. 우리가 아주 오랫동안 충분히 관찰한다면 별이 움직이는 것을 알 수 있다. 비교적 가까운 몇몇 별들의 경우에는 이런 위치의 변화가 눈에 띄기도 한다.

이런 고유운동의 움직임이 가장 큰 별은 지구에서 약 5.9광년 떨어져 있는 '바너드 별'이다. 이 별은 지난 170년 동안 보름달의 각지름만큼 하늘을 가로질러 움직였다. 이 별의 거리를 고려하면 우리가 보는 방향과 가로질러 간다고 볼 때 1초당 90킬로미터라는 속도로 움직인다고 계산해 낼 수 있다.

태양도 다른 항성들처럼 이동하고 있는데, 약 초속 20킬로미터의 속도로 바로 이웃해 있는 별을 지나간다. 이런 움직임은 아주 오랜 시간 동안에 진행된다. 그러므로 카시오페이아나 큰곰자리와 같이 잘 알고 있는 별자리들도 십만 년 전에는 오늘과 다른 모습이었으며 미래에도 또한 그 모습이 변할 것이다. 몇몇 별들은 현재의 별자리를 벗어날 수도 있다. 우리

고유운동 천구상에서 항성의 위치가 오랜 세월 동안 조금씩 변하는 현상을 말한다.

가 오늘날 큰개자리에서 찾을 수 있는 시리우스별을 십만 년 후에는 조각가자리 고래자리와 물병자리의 남쪽에 위치한 작은 별자리에서 보게 될 수도 있다.

그러므로 앞에서 등장했던 바빌로니아인과는 달리 그보다 훨씬 전에 살았던 석기시대의 원시인은 다시 태어난다고 해도 위로가 될 만한 눈에 익은 천체의 모습을 볼 수 없을 것이다.

picture & tip

*큰개자리 : 겨울 남쪽 밤하늘에서 가장 밝은 별인 시리우스를 중심으로 7개의 별들이 모여서 만들어진 별자리다.

 선생님도 모르는 우주 이야기

북두칠성은 별자리 이름이다?

우리가 가장 잘 찾을 수 있는 별자리라고 하면 북두칠성을 꼽을 수 있다.
그러나 사실 북두칠성은 다른 별자리의 한 부분일 뿐이다.
그 별자리에는 슬픈 사연이 있다. 어떤 이야기가 숨어 있는 걸까?

북두칠성의 모양은 누구에게나 아주 친숙하다. 마치 네모난 국자 모양을 만들고 있는 듯한 네 개의 별과 국자의 손잡이 부분에 해당되는 세 개의 별, 그리고 손잡이 부분 중간에 있는 별들 너머에서 작은 북극성을 찾을 수 있는 사람은 자신의 날카로운 관찰력에 대해 자랑스러워해도 좋을 것이다.

그러나 북쪽 하늘의 모든 별자리 중에서 가장 잘 알려진 이 북두칠성은 사실 별자리가 아니다. 북두칠성은 단지 더 큰 별자리인 큰곰자리의 한 부분일 뿐이다.

물론 이 별자리에서 북두칠성이 가장 밝은 별들이고 다른 별들은 별로 눈에 띄지 않는다. 때문에 이 북두칠성의 각각의 별들에는 고유한 이름까지 붙여져 있다. 네모난 국자를 만드는 네 개의 별들은 각기 두브헤, 메라크, 페크다 그리고 메그레츠라고 불리는데 이런 아라비아어로 된 이름은 중세시대 아라비아 천문학자들의 위대한 업적을 증명해준다.

옛날 천체 관측자들은 놀라운 상상력을 펼쳐 별자리에 이름을 붙였다. 게르만족은 북두칠성을 끌채가 달려 있는 수레로 보았고 이집트인들은 그들의 신 오시리스를 위한 배라고 여겼다. 영국에서는 커다란 쟁기로, 그리고 미국과 중국에서는 우리와 같이 국자로 표현했다.

북두칠성이 속한 별자리 전체에서 곰의 형태를 알아보는 것은 쉬운 일이 아니다. 그럼에도 불구하고 고대 그리스와 로마인, 아라비아인, 유태인, 그리고 페니키아인들뿐만 아니라 북아메리카의 몇몇 인디언 종족들도 이 별자리를 곰 모양으로 보았다.

★ 재미있는 우주 상식!

큰곰자리 북쪽 하늘에서 가장 유명한 북두칠성을 포함한 별자리다. 우리나라에서는 가을을 제외하고는 일 년 내내 관찰할 수 있는 별자리다.

tip

*오시리스 : 이집트 최고의 신으로 지하세계를 다스리는 남신이다. 이집트어로는 우시르이다.
*칼리스토 : 그리스 신화에 등장하는 요정. 달의 여신 아르테미스의 시중을 들다, 제우스의 눈에 들었다.

　　그리스인들에게는 이 별자리가 큰 암곰이며 동시에 요정 칼리스토였다. 신의 아버지인 제우스가 그녀에게 접근해 임신을 시키자, 제우스의 아내인 헤라가 그녀를 곰으로 만들어 버렸다고 한다. 그 후에 제우스가 그녀를 하늘에 올려놓았다. 그러자 화가 난 헤라는 바다의 신을 설득해서 그 곰이 다시는 물에 접근하지 못하도록 만들었다고 하는데, 실제로 큰곰자리를 북반구에서 관찰할 때는 수평선에 닿지 않는다. 큰곰자리는 북극성 주위를 돌고 있기 때문에 날씨가 맑은 밤이면 계절에 상관없이 북반구 어디에서나 관찰할 수 있는 별자리이기도 하다.

오직 달에만 크레이터가 있다?

우리는 달에서 곰보 자국 같은 크레이터를 볼 수 있다. 그렇다면 이런 크레이터는 달에서만 볼 수 있을까? 지구나 다른 행성이나 위성에는 없는 걸까?

쌍안경이나 천체망원경으로 달 표면을 관측하면 매우 많은 크레이터가 있음을 알 수 있다. 우주탐사선에서 보낸 사진들을 보면, 달의 뒤쪽 편에도 크레이터들이 많이 있다는 것을 알 수 있다. 이들은 달과 운석이 충돌한 증거이기도 하다. 달과 크레이터, 이 두 가지는 서로 뗄 수 없는 것처럼 보인다.

그러나 운석이 오로지 달에만 명중한 것은 아니다. 운석은 태양계의 모든 천체와 충돌할 수 있다. 물론 태양의 경우는 빗나간 사격이 될 것이다. 태양 안으로 떨어진 운석 덩어리는 즉시 증발해 버리기 때문이다. 그러나 가장 안쪽에 있는 수성만 해도 우리의 달만큼이나 크레이터가 많다. 금성에는 작은 운석과 충돌한 흔적은 별로 없고 크기가 큰 크레이터만이 있는 것으로 관측된다. 아마도 그 이유는 금성이 두꺼운 대기층으로 둘러싸여 있기 때문일 것이다. 또한 지구에도 운석과 충돌한 자국인 크레이터들이 있으며, 일부는 그 지름이 수백 킬로미터에 이르기도 한다. 이미 지구에 있는 약 150개의 크레이터가 확실히 알려져 있지만 계속해서 새로운 것들이 발견되고 있다. 그러나 바람과 기후의 영향으로 수백만 년 후에는 단지 특별한 장비를 이용해서만 지구의 크레이터들을 알아볼 수 있을 것이다. 도한 화성의 크레이터도 시간이 흐르면서 부분적으로 사라지겠지만 아직까지는 많은 크레이터들을 볼 수 있다.

한편 소행성들의 표면에서도 크레이터들을 볼 수 있다. 예를 들어 화성의 위성인 포보스는 길이가 약 22킬로미터나 되는 포획된 소행성인데, 10킬로미터나 되는 커다란 크레이터를 볼 수 있다. 그런 강력한 충격이 소행성 자체를 부수지 않은 것이 놀라울 정도다.

이에 반해서 목성, 토성, 천왕성, 해왕성과 같은 큰 행성들은 표면이 가스 형태의 액체 상태라 그런 크레이터를 유지할 수 있는 특성이 없다. 그리고 명왕성의 표면에 대해서는 아직 알고 있는 것이 없다. 그러나 그 곳에도 마찬가지로 크레이터가 있을 가능성이 매우 높다. 그러므로 크레이터가 있는 달의 풍경은 예외적이라기보다는 오히려 일반적인 모습이라고 할 수 있다.

★ 재미있는 우주 상식!

크레이터 위성이나 행성 표면에 있는 크고 작은 구멍으로 달이나 화성 등에서 볼 수 있다.

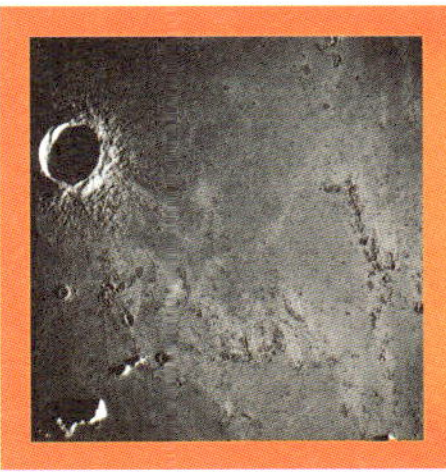

picture & tip

*크레이터(좌), 화성과 포보스(우)

지구는 매끈한 공 모양이다?

누군가 지구를 그려보라고 하면 우리는 동그란 공 모양의 지구를 그릴 것이다.
그러나 지구는 우리가 그리는 그림처럼 매끈하지 않은 배불뚝이 울퉁불퉁 행성이다.
지구는 어쩌다 이런 모양이 되었을까?

첫눈에 보면 지구는 매끈한 공 모양이다. 그러나 좀 더 자세히 관찰해 보면 지구는 매우 독특한 형태를 하고 있다.

먼저 지구는 배가 뚱뚱한데, 이는 지구가 빠른 속도로 자전하고 있어, 적도 부분이 불룩해졌기 때문이다. 그 대신 양극은 평평해졌다. 팔에 힘을 빼고 빠른 속도로 제자리를 돌면 팔이 밖으로 밀려 나가려는 힘을 가지는데, 이를 원심력이라 한다. 지구의 적도도 같은 원리로 밖으로 밀려 나가는 힘을 받고 있는 것이다. 그래서 극에서 극까지 측정한 지구의 지름이 적도에서 측정된 지름보다 42킬로미터 정도 짧다. 이 밖에도 공 모양이 아니라는 증거들은 많이 있다.

이런 현상이 나타나는 원인은 지구의 중력이 조금 더 강하게 작용하는 지역과 조금 더 약하게 작용하는 지역이 있기 때문이다. 그러므로 바다의 높이도 지구의 모든 곳이 똑같을 수 없다. 그래서 사람들은 이런 영향을 고려해 높이 측정을 위한 기준으로 가상적인 평균 해수면을 정해 놓았다. 이 평균 해수면이란 지구 전체가 물로 덮였다고 가정할 때, 그리고 밀물과 썰물 혹은 바람과 같은 다른 힘들은 없다고 무시할 때 생길 수 있는 수면이다.

오늘날에는 인공위성의 도움으로 다양한 중력을 측정할 수 있다. 위성의 궤도는 아주 조금씩 그때그때 지구의 중력에 따라 변하는데 우리는 그 수치를 레이저 광선의 도움으로 1센티미터 거리까지 정확하게 파악할 수 있다.

결론적으로 말해서 지오이드 _{평균 해수면을 이용해 지구의 모양을 나타낸 것}는 결코 공 모양이 아니다. 우리가 잘 관찰해보면 그 모양은 오목한 곳과 볼록한 곳이 수없이 많은 구겨진 공이 연상된다. 그리고 볼록한 곳과 오목한 곳 사이의 거리는 약 200미터에 이른다.

★ 재미있는 우주 상식!

인공위성 지구에서 쏘아올려 지구를 공전하는 인공적인 위성. 우주를 조사하는 과학 위성, 일기예보에 도움을 주는 기상 위성 등 여러 가지 목적의 위성이 있다.

지구의 그림자가 달의 모양을 변하게 한다?

달의 모양은 왜 변하는 것일까? 혹시 지구의 그림자가 달을 덮어서 반달이 되었다가, 초승달이 되었다가 하는 것이 아닐까? 아니면 다른 이유가 있는 걸까?

태양의 빛을 받은 지구는 우주에 커다란 그림자를 만든다. 많은 사람들은 지구의 그림자가 날짜마다 다르게 달을 가리기 때문에 초승달, 그믐달, 혹은 반달과 같은 달의 모양 변화가 일어난다고 생각하고, 보름달이 뜰 때는 우리의 달을 가리는 그림자가 없다고 여긴다.

그러나 하늘을 좀더 자세히 관찰해보면 그런 생각이 틀렸다는 것을 알 수 있다. 태양, 지구 그리고 달이 정확하게 일직선상에 놓여, 달이 지구 뒤에 있을 때만 지구의 그림자 안에 들어가게 되고 그 영향을 받기 때문이다. 또한 달의 모양만 봐도 알 수 있다. 지구와 같이 둥근 모양은 둥근 그림자를 만든다. 이런 그림자가 달의 가장자리에 닿는다면 달의 한 부분이 안으로 '잘리고' 밝은 부분 쪽이 볼록 나온 모양이 되어야 한다. 그런데

 선생님도 모르는 우주 이야기

이런 모양은 초승달이나 그믐달에만 해당되고 거의 가득 찬 보름달의 경우에는 적용되지 않는다.

사실 달의 모양 변화는 지구의 그림자 때문에 생기는 것이 아니다. 달은 지구처럼 언제나 태양의 빛을 받고 있는데 늘 반쪽만 빛을 받고 있다. 그리고 우리는 달이 공전하는 동안 이 빛을 받는 면을 본다. 보름달의 경우에 우리는 정확하게 밝은 부분을 보는 것이고, 반달의 경우에는 달이 우리에게 햇빛을 받는 부분의 반만을 보여주는 것이다. 결국 달의 모양 변화는 지구의 그림자가 달의 나머지 부분을 어둡게 하는 것이 아니라, 태양빛에 의한 달의 그림자 그 자체 때문에 생기는 현상이다.

그러나 달은 아주 가끔씩 지구의 그림자 안으로 들어가기도 한다. 그럴 때 우리는 달의 모양 변화가 아니라 바로 월식 현상을 보게 되는 것이다. 고대 그리스의 자연철학자 아리스토텔레스는 월식 현상이 일어날 때 달에 비친 지구의 그림자를 보고, 지구가 둥글다고 생각하기도 했다.

★ 쟈미있는 우주 상식!

월식 태양과 달 사이에 지구가 들어갈 때, 지구의 그림자 안으로 달이 들어가는 현상이다. 달이 지구의 본 그림자 안에 전부 들어갔을 때 개기월식, 일부분만 들어갔을 때 부분월식이라고 한다.

달은 오직 밤에만 빛난다?

낮엔 해가 뜨고, 밤엔 달이 뜬다. 그런데 해와 달이 함께
하늘에 있을 수는 없는 걸까? 둘은 결코 만날 수 없는 사이일까?

"신이 두 개의 광채를 만들어 큰 것은 낮을 지배하게 하고 작은 것은 밤을 지배하게 했다."라고 성경의 창세기편에 쓰여 있다. 이에 따르면 태양은 낮 동안에 빛을 내고 달은 밤에 어둠을 밝혀준다. 그렇게 우리는 어린 시절부터 배웠다. 그래서 많은 사람들이 어른이 되어서 어쩌다가 낮에 하늘에서 달을 발견하게 되면 깜짝 놀란다. 물론 달은 환한 낮보다는 어두운 밤에 훨씬 더 강렬하게 눈에 띈다. 그러나 하늘을 자주 바라보는 사람은 종종 정오나 혹은 오후의 하늘에서도 달을 발견할 수 있다.

옛날부터 사람들은 태양의 위치와 달의 위치를 연관시켜, 달이 어떤 모양으로 나타나는지 생각했다. 예를 들어, 보름달일 때에는 달이 태양의 건너편에, 그러니까 달-지구-태양의 순으로 거의 하나의 선 위에 놓이게 된다. 그래서 태양이 지면 달이 뜨고 태양이 뜨면 달이 지게 된다. 우리가 살고 있는 위도의 지역에서 일반적으로 보름달은 태양과 동시에 하늘에 있지 않다.

그러나 북극 근처의 고위도 지방에서는 상황이 조금 다르다. 그 곳에서는 낮에 보름달을 볼 수 있고, 마찬가지로 밤에 태양을 볼 수도 있다.

태양과 달이 지구를 사이에 두고 정반대의 위치에 있지 않을 때, 태양은 달의 일부분을 비추는데, 초승달이나 그믐달 혹은 반달과 같이 다양한 달의 모양을 볼 수 있다. 그 중에서 상현달은 오른쪽이 밝게 빛나는 반달을 말하는데, 이 때 달의 위치는 태양의 왼쪽에 있고, 지구를 중심으로 약 90°의 각도를 이룬다. 이 각도는 약 6시간의 차이를 의미하기 때문에 오후의 하늘에서는 태양과 달을 같이 볼 수 있다. 태양의 왼쪽에 희미한 빛으로 반달 모양의 상현달을 볼 수 있는 것이다. 반면에 왼쪽이 밝게 빛나는 하현달은 태양의 오른편에 있을 때이므로, 오전에 하늘에서 같이 볼 수 있을 것이다.

달 지구의 하나밖에 없는 자연 위성이다. 형태는 지구와 비슷하게 공 모양에 가까운 타원형이다. 달은 태양의 빛을 받아 반사하며 빛난다. 달은 지구처럼 자전하면서 지구 주위를 공전하는데, 공전하면서 빛나는 부분이 달라져서 달의 모양이 변하는 것처럼 보인다.

태양은 동쪽에서 떠오르고 서쪽으로 진다?

사람의 행동이 갑자기 바뀌면 "해가 서쪽에서 떴나?"라고 말할 때가 있다.
그만큼 일어나기 힘든 일이라는 표현이다.
그렇다면 정말 해는 동쪽에서만 뜰까? 서쪽에서 뜨는 일은 없을까?

우리는 유치원 때부터 태양은 동쪽에서 떠서 서쪽으로 진다고 배웠다.
"동쪽에서 태양이 떠오르고, 남쪽에서 가장 높이 올라가고, 서쪽에서 태양이 내려오고, 북쪽에서는 태양을 결코 볼 수 없다."

그러나 이런 설명이 정확하게 맞는 날은 일 년 중에 단 이틀뿐이다. 3월 20일이나 21일(춘분) 그리고 9월22일이나 23일(추분)에만 태양이 실제로 정확하게 동쪽에서 떠서 서쪽으로 진다. 이때가 낮과 밤의 길이가 같아지는 시기로 태양은 약 12시간 동안 하늘에 떠 있고 우리가 사는 곳에서는 봄 혹은 가을이 시작된다.

이와 반대로 여름에는 태양이 뜨는 방향이 북동쪽으로 이동되고 태양이 지는 방향은 북서쪽으로 이동된다. 태양은 더 커지고 더 높아지며 낮의 길이가 길어져 하루에 약 16시간 동안 빛난다. 한편 겨울이 되면 태양은 남동쪽에서 떠오르고 낮의 길이가 짧아져서 겨우 8시간 정도 지나면 바로 남서쪽으로 가라앉는다.

북쪽에서 태양을 전혀 볼 수 없다는 것은 맞는 말이다. 최소한 지구의 북반구에서는 그렇다.

그러나 북반구 반대쪽에서는 이 말이 틀린 말이다. 남반구에서는 태양이 정오에 북쪽에서 최고점에 이른다. 대신 이곳에서는 남쪽에 있는 태양을 절대 볼 수 없다.

토성은 고리가 있는 유일한 행성이다?

주위에 멋진 고리를 두른 행성이라 하면, 아마도 토성이 생각날 것이다.
그런데 토성 말고도 고리를 두른 행성들이 있다고 한다. 어떤 행성들일까?

1977년 천문학자들은 고공 정찰기를 천체 관측용으로 개조해서 지상 12,000미터 높이에서 천왕성의 운동을 관측하기 위해 태평양 상공을 비행했다. 지상 12,000미터 높이는 공기가 희박하고 천체의 빛을 가리는 먼지 등이 없어서 행성 관측이 잘 되기 때문이었다. 천문학자들은 이 비행 관측을 통해 천왕성과 그 곳의 대기에 대해 더 많이 알게 되기를 기대했다. 이들은 천왕성에 의해 주위의 별이 가려질 것으로 예측된 시간이 되기 전에 미리 측정 장치들을 준비해 놓았는데, 그 중에는 민감한 광도 센서기도 있었다.

그런데 이렇게 미리 준비해 놓은 것은 정말 다행이었다. 놀랍게도 별빛이 갑자기 예상보다 35분 더 일찍 몇 초 동안 약해졌다. 그런 다음 기대했던 대로 천왕성의 원반이 별을 거의 30분 동안 가리고 있을 때까지 다시 몇 번 더 약해졌다. 그리고 천왕성이 별을 완전히 가린 후에는 반대의 리듬으로 깜박임이 반복되었다.

이런 현상에 대해서는 오직 한 가지 설명만이 가능했다. 바로 천왕성도 고리를 가지고 있다는 사실이다. 물론 그 때까지 발견되지 않았을 정도로 아주 가는 고리를 가지고 있음이 틀림없었다. 오늘날 우리는 이 고리들이 두께가 몇 킬로미터밖에 되지 않을 만큼 가늘고, 그럼에도 토성의 고리들보다 덜 조밀하다는 것을 알고 있다. 이런 사실은 1986년에 보이저 2호의 근접 촬영으로 밝혀졌다. 그 외에도 이 고리들은 상당히 어두운 물질들로 이루어져 있다.

그리고 2년 후에 보이저 2호가 대행성인 목성을 탐사했다. 그리고 그곳에서도 고리들이 발견되었고 역시 어두운 물질들로 이루어져 있다는 사실을 알게 되었다. 또한 네 번째로 큰 행성인 해왕성도 가는 고리들로 둘러싸여 있는데 1989년에 보이저 2호가 그런 사실을 밝혀주었다.

이로써 네 개의 거대한 행성들 모두가 고리를 가지고 있으며, 결코 토성만 고리를 가지고 있는 것은 아니라는 사실을 알게 되었다. 물론 3,000개가 넘는 각각의 고리들로 이루어진 토성의 고리가 태양계에서 가장 아름다운 것만큼은 분명한 사실이다.

★ 재미있는 우주 상식!

천왕성(좌) 태양계의 일곱 번째 행성으로, 1781년 영국 천문학자 허셜에게 발견됐다. 질량은 지구의 14.5배이며 태양 주위를 한 번 도는 데 84.02년이 걸린다.

picture & tip

*보이저호(우) : 미국항공우주국(NASA)에서 발사한 무인우주탐사선으로 화성 바깥쪽 행성을 탐사하기 위해 만들어졌다. 목성, 토성, 천왕성, 해왕성을 탐사해 새로운 사실들을 발견할 수 있었다.

화성은 지구와 가장 가까운 행성이다?

지구의 이웃 행성, 화성과 금성. 영화나 신비한 우주 이야기 속에 화성이
자주 등장하는 걸 보면 화성이 우리와 가장 가까운 행성이 아닐까?

화성이 우리의 이웃 행성인 것은 분명하지만 결코 가장 가까운 이웃은
아니다. 가장 가까운 행성은 바로 금성이다. 금성은 우리와 약 3,890만
킬로미터 정도까지 가까이에 있으며 이에 반해 화성은 지구와 가장 가까
워지는 때도 5,540만 킬로미터의 거리를 유지한다. 그러므로 화성 탐사
는 발사 시기를 잘 선택하면 약 250일 만에 화성에 도착할 수 있다. 다른
경우에는 더 오래 걸릴 수도 있다. 화성이 지구와 가장 멀리 떨어져 있을
때는 거리가 약 4억 킬로미터까지 이른다.

물론 화성은 온도가 거의 500도에 이르는 뜨거운 금성보다는 지내기에

휠씬 더 쾌적한 장소
일 것이다. 화성의
기온은 영상 20℃와
영하 120℃ 사이이
다. 꼭 필요한 경우
라면 적절한 기술을
이용해서 참고 견딜
수 있는 정도다.

이런 화성은 우리 지구와 비슷한 점이 많다. 화성은 24시간에 한 번 자신의 축을 중심으로 자전을 한다. 그래서 화성에도 지구처럼 계절이 있다. 흐르는 물은 존재하지 않는 것으로 보이지만 사람들은 화성의 붉은 모래 아래에 있는 두꺼운 얼음층을 유심히 연구하고 있다. 그러나 화성에는 산소가 없으며 무엇보다도 대기는 이산화탄소로 이루어져 있다. 거기다가 대기압이 지구보다 훨씬 낮다. 우주복 없이 화성을 산책하는 일은 치명적인 결과를 낳을 수 있다.

그 대신에 화성에 간 우주비행사들은 엄청난 변화를 겪게 될 것이다. 체중이 80킬로그램 나가는 남자가 화성에서는 단지 30킬로그램밖에 나가지 않을 것이기 때문이다. 게다가 화성에서는 결코 지루하지 않을 것이다. 그 곳에는 볼거리가 많다. 예를 들면, 화성에는 태양계에서 가장 큰 화산과 거대한 협곡이 있다. 그리고 어쩌면 표면 아래 깊숙한 곳에 촉촉한 구멍들 안에는 우리의 이웃을 만들어 낼 화성의 박테리아들이 살고 있을지도 모른다.

★ 재미있는 우주 상식!

화성 태양계의 네 번째 행성이며, 금성 다음으로 지구와 가깝다. 화성에는 물과 산소가 부족하고 밤낮의 기온차가 크다. 운하(수로)가 있다는 설르 생명체의 존재 가능성도 갖고 있으나, 아직까지 밝혀진 것은 없다.

혜성은 언제나 꼬리를 달고 있다?

밤하늘에서 긴 꼬리를 달고 빛나는 별을 우리는 혜성이라 부른다.
그렇다면 이 혜성은 늘 꼬리를 달고 있을까? 그 꼬리는 하나밖에 없을까?

사실 혜성은 살아 있는 대부분의 시간 동안 전혀 꼬리를 가지고 있지 않다. 그러나 특정한 시기에는 심지어 두 개 이상의 꼬리를 가지기도 한다.

미국의 천문학자인 프레드 휘플은 혜성을 가리켜 '더러운 눈덩이'라고 불렀다. 혜성의 핵은 얼음, 꽁꽁 언 암모니아, 이산화탄소 그리고 암석 먼지들로 이루어져 있기 때문이다. 오늘날 천문학자들은 그런 핵이 1조 개 이상 모여서 이루어진 거대한 구름이 우리의 태양계를 둘러싸고 있다고 추정한다. 이 '오르트 구름Oort Cloud, 태양계 가장자리에서 발견된 우주 먼지나 가스들로 이루어진 곳, 네덜란드 천문학자 오르트의 이름을 따서 지었다.'은 명왕성 궤도의 먼 건너편에 놓여 있고 거리는 태양으로부터 1광년까지 떨어져 있다.

천문학자들은 이 곳에 작은 천체들이 가끔 위치를 이탈하여 태양계의 내부 쪽으로 이동을 하기 때문에 혜성이 나타난다고 추정한다. 혜성은 처음 출발할 때는 눈에 보이지 않는 더러운 눈덩이(또는 먼지를 잔뜩 뒤집어 쓴 얼음 덩어리)에 불과하지만, 태양 가까이에 오면 태양의 열기에 의해 꼬리별이 만들어진다. 태양 가까이 통과할 때 혜성의 핵 표면에 있는 얼음이 증발되고, 여기서 나오는 수증기가 먼지 입자들을 휩쓸어 가는 것이다. 그리고 태양이 내보내는 전기를 띤 빠른 입자들이 혜성의 머리 부분에서 가스 분자들을 쫓아 버린다. 그렇게 해서 정확하게 태양의 반대 방향으로 뻗은 직선 꼬리가 생긴다. 그 다음 에너지가 풍부한 태양빛은 가스 원자가 자체적인 푸른색을 발산하도록 만드는데, 이것이 바로 우리가 보는 혜성의 꼬리이다.

한편 혜성의 핵에 있는 아주 작은 먼지 입자들은 '태양풍'의 영향을 훨씬 덜 받는다. 그러나 이런 작은 입자들은 빛의 압력을 받는데, 빛의 입자들이 이런 작은 입자들에게 압력을 가하는 것이다. 그렇게 해서 대부분 노랗게 빛나는 두 번째 꼬리가 만들어진다. 그러나 이 꼬리는 양초의 불빛처럼 모양이 똑바르지 않다. 먼지 입자에 미치는 태양의 인력이 이 꼬리를 가볍게 휘어지게 만들기 때문이다.

태양풍도 언제나 똑같은 세기로 부는 것은 아니다. 그래서 네 개 혹은 그 이상의 꼬리를 가진 혜성도 관찰된다. 또한 때때로 바람 속에서 흩어지는 연기 기둥처럼 꼬리가 허물어지는 모습도 관찰할 수 있다.

★ 재미있는 우주 상식!

태양풍 태양에서 나오는 뜨거운 가스가 우주 공간으로 솟아나는 대기의 흐름을 태양풍이라 한다. 주로 전자, 양성자 등의 이온 가스로 되어 있다.

picture & tip
*혜성(좌), 오르트 구름(우)

배율이 높은 망원경이 최고의 망원경이다?

천체망원경을 고를 때 가장 중요한 요소가 무엇일까?
물론 희미하게 보이는 별을 얼마나 또렷하게 볼 수 있는가가 가장 중요할 것이다.
그렇다면 천체망원경의 어떤 부분을 눈여겨 살펴야 할까?

많은 아마추어 천문가들은 비싸게 산 망원경 때문에 실망을 하는 경우가 종종 있다. 그런 망원경들은 대단히 높은 배율이라고 선전하지만 그들의 높은 기대에 미치지 못한다. 그 이유는 아마추어들은 천체망원경에서 배율이 가장 중요한 것으로 잘못 알고 있기 때문이다.

그러나 망원경의 주요 임무는 빛을 모으는 일이다. 아주 멀리 떨어져 있는 천체들은 그 빛이 대단히 약하다. 그러므로 망원경이 더 많은 빛을 모을수록 우주를 더 깊이 들여다보는 역할을 한다. 결국 중요한 것은 많지 않은 광자빛의 입자들 중에서 가능한 많은 수를 잡는 일이다.

천문학자들은 두 가지 방법을 이용해서 이런 작업을 한다. 첫 번째로 그들은 사진술을 이용한다. 우리의 눈은 단지 우리의 망막 위로 떨어지는 광자들만을 보지만 사진 건판은 몇 시간 넘게 그런 광자들을 모을 수 있다. 요즘에는 사진 건판을 보완한 성능 좋은 검출기가 등장했고 대부분 여기에는 극도로 빛에 민감한 전자칩(CCD 빛이 부딪힐 때 이를 전기적인 신호로 바꾸는 반도체로 전하결합소자라 부른다)이 장착되어 있다.

그 밖에도 이런 최첨단 검출기는 빛의 입자를 최대한 넓은 면적으로 잡을 수 있다. 근본적으로 망원경은 광자들을 모으기 위한 깔때기라고 할 수 있다. 더 많이 열려 있을수록 더 많은 광자를 낚아챌 수 있다. 이런 작용을 하기 위해서 굴절망원경에는 대물렌즈가 있고, 반면에 반사망원경에서는 오목거울이 같은 목적으로 사용된다. 일단 잡힌 빛은 또 다른 거울이나 렌즈를 이용해서 고정되고 마침내 관찰자의 눈으로 집중되어 들어오게 된다. 혹은 대형 망원경의 경우에는 빛에 민감한 칩으로 들어온다.

확대를 하는 것, 곧 배율을 높이는 것은 원칙적으로 어떤 망원경이든 수치상으로 원하는 만큼 높일 수 있다. 그러나 한 망원경에서 가장 효과적인 배율은 물체의 크기에 의해 좌우된다. 그러나 대부분의 사람들은 이런 점은 잘 모르고 망원경을 사거나 팔고 있다.

명왕성은 언제나 태양에서 가장 먼 행성이다?

태양계의 가장 바깥에 위치한 명왕성. 그렇다면 명왕성만이
늘 가장 바깥 면을 도는 걸까? 또 태양을 중심으로 공전하다 보면
옆에 있는 해왕성과 부딪치게 되지는 않을까?

태양에서 가장 멀리 있는 명왕성은 대단히 특이한 행성이다. 우선 명왕성의 공전 궤도는 다른 행성들과 같은 평면 위에 있지 않고 훨씬 더 멀리 위 아래로 확장된다. 거기다가 명왕성은 태양의 주위를 돌 때 다른 행성들보다 훨씬 더 뚜렷한 타원형의 궤도를 그린다. 그래서 명왕성은 44억 2,500만 킬로미터까지 태양에 가까워지기도 하고 그 다음에는 다시 73억 7,500만 킬로미터까지 태양과 멀어지기도 한다. 이 말은 곧 명왕성이 248년이 걸리는 자신의 공전 주기 동안, 경우에 따라서 몇 년 동안은 해왕성의 궤도 안에서 움직이게 된다는 것을 의미한다. 가장 최근의 예로는 1979년 1월부터 1999년 2월까지가 그러했다. 그러므로 이 시기에는 명왕성이 아니라 해왕성이 가장 바깥쪽에 있는 별이 되었다.

명왕성과 해왕성의 궤도가 겹치는 경우가 있기는 하지만 이 두 행성들이 서로 충돌할 위험은 없다. 그 이유는 두 행성들의 공전 주기가 특정한, 그리고 고정된 관계 속에 놓여 있기 때문이다. 명왕성이 태양의 주위를 두 번 도는 시간 동안 해왕성은 정확히 세 번 태양의 주위를 돈다. 이런 관계는 수십억 년의 세월 속에서 두 행성의 인력 작용에 의해 형성되었다. 그래서 이들은 결코 서로 만날 수 없으며 약 25억 킬로미터의 최소 안

전거리를 유지한다. 그리고 이런 관계는 아마도 수십억 년 전부터 계속되어 왔을 것이다.

명왕성 태양계의 가장 바깥쪽을 도는 아홉 번째 행성이다. 1930년 로웰 천문대의 C.W.톰보가 발견했다. 태양계의 가장 바깥쪽을 돌지만, 태양과 가장 가까워졌을 때는 해왕성 궤도 안쪽까지 들어온다.

태양계의 범위는 명왕성의 궤도까지다?

태양계는 어디까지를 가리키는 걸까?
흔히 마지막 행성이라고 말하는 명왕성이 도는 지점까지일까?
아니면 그 너머에 무언가가 더 있는 걸까?

몇 년 전까지만 해도 천문학자들은 명왕성을 태양계의 가장 바깥으로 여겼다. 그래서 태양계의 반경은 약 60억 킬로미터, 그러니까 40AU 천문학적인 단위로, 1AU는 태양과 지구 사이의 거리, 약 1억5천만 킬로미터에 해당된다.에 이른다고 알고 있었다.

그러나 오늘날 태양계의 범위는 훨씬 더 넓어졌다. 더 멀리 떨어진 곳에는 과거에 태양계가 탄생되었던 바로 그 가스 구름과 먼지 구름들의 '잔재' 들이 아직 많이 남아 있는데, 대표적인 곳이 명왕성 궤도 바깥의 고리 형태의 '카이퍼 벨트' 를 들 수 있다. 이 천체는 태양에서 약 500AU 거리에 있으며, 수백만 개의 혜성 핵, 즉 얼음과 먼지의 눈덩이들로 이루어져 있다. 이런 덩어리들 중에서 최소한 35,000개는 그 지름이 100킬로미터 이상으로 보이며, 심지어 몇몇 개는 1,000킬로미터가 넘는 것들도 있다. 지구에서는 가장 큰 천체들을 겨우 볼 수 있다.

이 천체들은 멀리 있는 태양의 여명 속에서 자신의 궤도를 돌고 있다. 고유한 이름을 가지고 있으면서 가장 멀리 있는 천체로는 2004년에 발견된 소행성 세드나가 있다. 이 소행성은 현재 태양에서 약 90AU 떨어져서 자신의 궤도를 돌고 있다. 이 소행성은 12,000년에 한 번씩 태양의 주위를 돈다. 명왕성과 크기가 거의 비슷한 이 천체의 색깔은 어두운 붉은 색으로 그 원인은 아직 수수께끼로 남아 있다.

그리그 많은 학자들은 훨씬 더 멀리 떨어진 곳에 수조(兆) 개의 혜성 핵들로 이루어진 넓은 구름, 곧 오르트 구름이 있을 것이라고 추측하고 있다. 이 오르트 구름은 아마도 약 100,000AU 떨어진 곳에서 태양계를 둘러싸고 있을 것이다. 거리는 1과 2분의 1 광년에 해당된다. 아마도 그런 종류의 구름이 우리의 이웃 행성계인 알파 센타우리도 둘러싸고 있을 것이다. 그리고 이런 구름들이 부분적으로 겹치는 일도 가능할 것이다. 그렇다면 그 구름들이 서로 물질들을 교환하게 될지도 모르는 일이다.

★ 재미있는 우주 상식!

카이퍼 빌트 얼음과 운석들의 집합체로 거대한 띠 모양이다. 원래는 해왕성의 바깥쪽에서 태양 주위를 도는 것이 발견되었으나, 이후 명왕성 바깥쪽에서도 발견되었다

세드나 2004년 오르트 구름 사이에서 발견한 소행성. 처음 발견했을 때, 열 번째 행성이 아닌가 하는 의견도 있었으나, 현재는 소행성으로 분류되었다.

우리의 태양은 은하수에서 가장 밝은 별이다?

우리의 눈으로는 태양보다 더 밝은 별은 볼 수 없다.
그렇다면 이렇듯 눈에 보이는 것이 전부일까? 태양보다 더 밝은 별은 없는 걸까?

태양이 은하수에서 가장 밝은 별이라는 생각은 오래전의 것이다. 수천 개의 별들을 조사한 결과 우리의 태양은 지극히 평범한 별 중의 하나임이 밝혀졌기 때문이다. 더글러스 애덤스는 『은하계로 여행하는 히치하이커를 위한 안내서』라는 공상 소설에서 태양이 "은하의 서쪽 나선팔에 있는 완전히 뒤쳐진 말단부의 미지의 황야 속에서" 빛나고 있다고 표현했다.

물론 태양은 우리 은하수에 있는 일반적인 별들의 두 배가 되는 질량이다. 그러나 태양을 능가하는 별들도 많이 있다. 특히 별의 밝기와 관련해서는 그런 별들이 많이 있다. 우리가 볼 수 있는 천체에서 가장 밝은 별인 시리우스는 태양의 23배가 되는 광도_{빛의 강도}를 지니고 있다. 그러나 이것은 오리온자리의 별인 리겔과 비교하면 아무것도 아니다. 이 별은 심지어 4,000개의 태양이 그 안에 들어 있는 것과 같은 광도를 낸다. 그리고 오리온자리에 있는 또 다른 별인 베텔게우스는 태양의 600배나 되는 크기와 60,000배나 되는 광도를 낸다. 그런데 이 두 개의 별들도 용골자리의 별인 에타 카리나에와 비교하면 마치 형광등 옆에 있는 촛불에 불과하다. 에타 카리나에는 500만 개의 태양을 합한 정도의 광도로 현재 가장 빛이 강한 별로 알려져 있다.

 선생님도 모르는 우주 이야기

그리고 이것이 또한 최고가 아니다. 만약 질량이 큰 별이 초신성으로 폭발하게 되면 수십억 개의 태양을 합한 정도의 밝기를 낸다. 비록 단 며칠 동안이기는 하지만 말이다.

오리온자리 겨울철 남쪽 하늘의 별자리다. 이 별자리는 1등성인 베텔게우스 리겔 등의 밝은 별들로 이루어져 가장 찾기 쉬운 별자리다. 그리스 신화에 나오는 거인 사냥꾼의 이름을 붙여 오리온자리라 부른다.

우주망원경이 가장 큰 망원경이다?

우주를 관찰할 수 있는 망원경이라면 얼마나 클까? 그 넓은 곳을 세세하게 관찰하려면
렌즈도 엄청 커야 할 것이다. 그렇다면 실제 우주망원경의 크기는 얼만 할까?

천문학을 직업으로 갖고 살아가는 사람들 중 많은 이들에게는 숨이 막힐 정도로 아름다운 나선성운과 가스 구름을 보는 것이 소중한 즐거움일 것이다. 천체의 이러한 진정한 아름다움은 아마추어 관측자들도 감탄하게 만든다. 특히 지구 궤도를 돌며 우주를 관측하고 있는 허블우주망원경은 사람들의 그런 '들여다보는 즐거움'을 위해 계속해서 새로운 사진을 보급해준다.

허블우주망원경은 중심 렌즈의 지름이 2.4미터가 되는 천체 망원경으로 지상에 있는 천체 망원경과 비교하면 오히려 작은 편에 속한다. 이와 비슷한 크기의 장치는 이미 1917년에 지표면에 만들어졌다. 그러나 허블우주망원경은 대기권 밖에 있기 때문에 지상에 있는 더 큰 천체망원경보다 멀리 우주를 내다볼 수 있다. 안개, 대기의 동요, 방해가 되는 거리의

picture & tip

*허블우주망원경 : 우주를 관측하는 대표적인 망원경이다. 1990년 우주왕복선 디스커버리호에 탑재되어 우주로 보내졌다. 해상도가 뛰어나고, 지구에서는 놓칠 만한 약한 전파도 잡아내는 우수한 성능의 망원경이다.

조명 등 지구와 직접적으로 연결되어 있는 장치들의 주요 문제점들이 허블망원경과는 전혀 상관이 없기 때문이다. 그래서 허블우주망원경은 훨씬 더 깨끗한 시선을 훨씬 더 어두운 하늘 속으로 향할 수 있고 빛을 모으는 효과를 최대한 발휘할 수 있다. 그렇게 해서 이 망원경은 우리의 맨눈보다 약 100억 배 더 빛에 민감하게 작동한다.

나선성운 은하계 외 성운의 하나로 양끝에 나선 모양의 팔이 있는 성운이다.

02

아직 풀리지 않은 우주의 신비

★공룡은 마지막 빙하기 동안 멸종되었다? ★달에는 생명체가 살고 있다? ★화성에 운하가 있다? ★달은 예전에 지구에 잡혔다? ★우주는 '보통 물질'로 이루어져 있다? ★지구는 달이 없어도 상관없다? ★명왕성은 정말 행성일까? ★달의 한쪽 면은 언제나 어둡다? ★빅뱅은 우주 안에서의 폭발이다? ★태양은 빅뱅 직후에 생겨났다? ★우주는 무한히 크다? ★절대 시간은 이 세상에 존재한다?

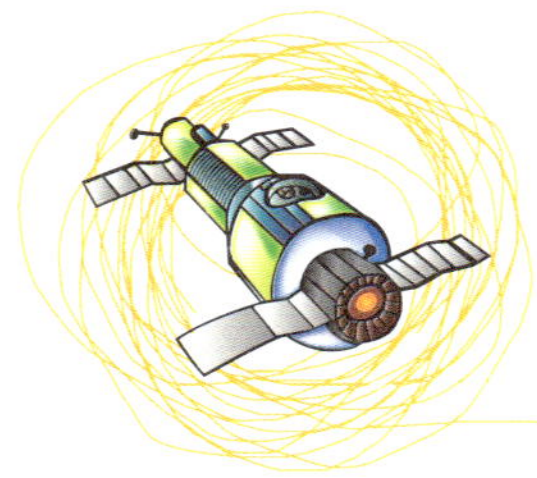

공룡은 마지막 빙하기 동안 멸종되었다?

우리는 흔히 공룡이 빙하기에 멸종되었다고 알고 있다.
그러나 공룡이 사라진 이유는 우주에서 일어난 일과 관계가 있다.
우주에서 무슨 일이 있었기에 공룡이 사라진 것일까?

지구의 나이가 얼마나 오래 되었는지 제대로 아는 사람은 아무도 없다. 지금까지 여러 과학자들이 한 연구에 따라 지구가 생겨난 지 약 46억 년이 되었다고 추정할 뿐이다. 그러니 새로운 증거가 발견된다면 지구의 나이는 더 길어질 수도 있다. 46억 년이라는 나이도 아주 많은데, 우리가 이 숫자를 쉬지 않고 1초에 1년씩 세어보는 데만도 145년이 걸린다고 한다.

그러므로 일반인들이 지구의 나이를 때때로 조금 혼동하는 것도 놀랄 일은 아니다. 다만 지질학자와 고생물학자들처럼 뛰어난 전문가들만이 수백만 년 단위로 지구의 나이를 말할 정도다.

이런 전문가들의 발표에 따르면 공룡과 빙하기는 서로 아무런 관련이 없다. 지금 우리가 사는 시대도 사실 빙하기가 지나간 지는 얼마 되지 않았다. 약 13,000년 전에야 두꺼운 얼음층이 녹았고, 날씨가 따뜻해졌으며, 맘모스와 굴오소리와 같은 빙하기의 동물들이 멸종되었다. 빙하기가 시작된 것은 약 2백만 년 전이었고, 이때는 원시인들이 간단한 석기도구를 만들어 사용했던 시기였다.

그러나 공룡은 이미 훨씬 그 이전부터 지구에 없었다. 비록 원시인 가족이 등장하는 영화나 만화에서는 때때로 공룡들이 등장하지만 말이다.(이것은 과학적으로 틀린 것이다.) 결코 어떤 인간도 살아 있는 공룡을 본

 선생님도 모르는 우주 이야기

적이 없다. 최초의 원시인들이 초원을 걸어 다녔을 때보다 6천만 년도 훨씬 전에 공룡은 이미 지구상에서 사라졌기 때문이다.

오늘날 밝혀진 바에 따르면 공룡의 멸종 원인은 우주와 – 바로 그 때문에 이 책이 공룡에 대한 테마를 다루고 있는 것인데 – 관련되어 있다. 지름이 약 10킬로미터나 되는 아주 거대한 운석이 있었다. 이 운석이 초속 25킬로미터 이상의 속도로 지구와 충돌했고 멕시코의 유카타 반도 지역에 당시 바다로 덮여 있었던 지각 속 깊은 곳으로 떨어졌다. 최고의 영화들을 만드는 헐리우드의 모든 제작 노력도 이런 차원의 재앙은 결코 충분히 표현할 수 없을 정도였다. 이 거대한 운석의 충돌은 단 몇 초 만에 히로시마 원자폭탄 50억 개의 에너지를 방출시켰다. 그 지옥의 대재앙이 지구에 살고 있던 생물의 70% 이상을 멸종시켰다. 공룡, 바다 도마뱀, 익룡뿐만 아니라 그 이외의 많은 생물들을 사라지게 만들었다. 몇 안 되는 작은 크기의 동물들만이 겨우 살아남았는데, 그 중에 포유류와 새들이 있었다. 이제 그 작은 동물들이 자유로워진 삶의 공간을 넘겨받게 된 것이다. 이러한 재앙이 없었다면 어쩌면 우리 인간은 존재하지 않았을지도 모른다.

★ 재미있는 우주 상식!

지질시대 지질시대는 지구에 지각이 형성되기 시작한 약 38억 년 전부터 인류가 문자나 그림으로 기록하기 전인 약 1만 년 전의 시대를 말한다. 지층에 나타난 고생물의 화석과 지각 변동을 기준으로 해 선캄브리아대(약 38억 년 전~5억 7천만 년 전), 고생대(5억 7천만 년 전~2억 4천 5백만 년 전), 중생대(약 2억 4천 5백만 년 전~약 6천 6백만 년 전), 신생대(약 6천 5백민 년 전~약 1만 년 전)의 4개의 지질시대로 크게 나눈다.

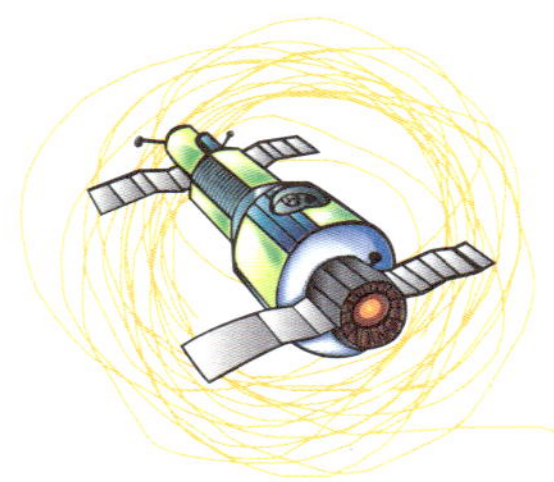

달에는 생명체가 살고 있다?

달에 생명체가 산다는 보도가 있었다! 모두가 궁금해하는 그곳, 달.
그곳에 정말로 생명체가 살고 있을까?

뉴욕의 일간 신문인 '선(Sun)' 지는 1835년 8월 25일에 '천체의 발견' 이라는 제목으로 이와 관련된 기사를 실었다. 이 기사에 따르면 몇 개월 전에 유명한 천문학자인 존 허셜 경이 천문대를 새로 설립하고 최신식의 성능 좋은 망원경을 실험해보기 위해 남아프리카의 케이프타운으로 향했다고 한다. 허셜 경은 이 망원경을 이용해서 달에 있는 나무, 바다, 물소, 펠리컨 등과 다른 동물들을 관측했다고 보도했다.

그러나 최고의 사건은 그 후에 벌어졌다. 8월 28일, 뉴욕 사람들은 놀랍게도 허셜 경이 인간과 유사한 존재들을 발견했다는 기사를 읽게 되었다. 이들은 직립보행똑바로 몸을 세우고 두 다리로 걷는 것을 하며 그들의 신체는 구릿빛 털로 덮여 있고 투명하고 얇은 피부로 된 날개가 있다고 했다. 그 다음에는 심지어 사파이어와 금으로 만들어진 신전에 대한 기사도 등장했다. 그러나 '선' 지가 매우 유감스러워하며 보도한 그 후의 기사에 따르면 이 망원경이 취급 부주의로 고장이 났다고 했다.

당시에 '외계인' 에 대한 이런 보도는 그 어떤 불신도 받지 않았다. 오히려 그 반대였다. 이 신문의 판매부수가 급상승하였고 다른 수많은 경쟁 신문사들도 앞을 다투어 이 소식을 전하면서 마치 자신들이 '조사한 결과' 인 것처럼 치장하여 보도하기까지 했다.

남아프리카는 아주 먼 곳이었고 전보는 아직 발명되기 전이었다. 때문에 정확한 진상을 확인하기까지는 몇 개월이 걸렸던 것이다. 한 종교협회에서는 소위 '박쥐 인간'이라고 부르던 외계인들을 그리스도인으로 만들기 위해 즉시 달로 선교단을 파견하기로 결정했다. 이 소식에 작가 에드거 앨런 포처럼 크게 실망한 사람들도 있었다. 당시에 그는 한창 열기구 조종사가 달에 도착하는 줄거리로 소설을 쓰고 있었는데, 이제 현실이 그의 상상을 더 앞서간 셈이 되었기 때문이다.

3주 후에야 비로소 '선' 지의 발행인은 그 모든 것이 단지 풍자적 허위보도였음을 시인했다. 뉴욕 사람들은 유머와 농담을 즐겼다. 그래서 오히려 '선' 지의 판매부수는 새로운 기록을 경신하며 높은 인기도를 유지했다. 그러나 수년이 지난 뒤, 그런 사실을 신문의 오보라고 믿지 않고 실제로 그런 주장을 하는 사람들도 많이 있었다.

picture & tip

*존 허셜(1792~1871) : 영국 천문학자이며 천왕성을 발견한 F.W. 허셜의 아들로 아버지의 일을 이어받았다. 1등성의 밝기가 6등성 밝기의 100배라는 것을 밝혀내는 등, 아버지 못지않은 업적을 남겼다.

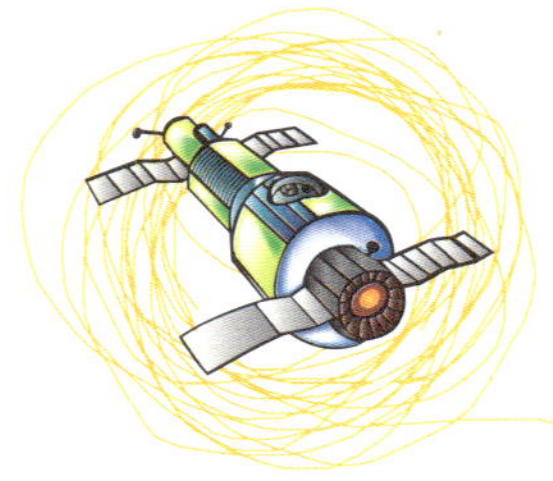

화성에 운하가 있다?

많은 영화에서 화성인의 존재를 다룬다. 지구와 가장 비슷한 환경 조건의 행성이다 보니 그러한 상상이 가능하다. 어쩌면 화성에도 생명체가 살고 있지 않을까?

화성의 공전 궤도는 타원이므로 약 26개월마다 평소보다 지구에 가까이 온다. 이 때가 되면 많은 망원경들이 이 빨간 행성을 향한다. 1877년에도 마찬가지였다. 이탈리아의 천문학자인 스키아파렐리는 밀라노 천문대에서 어떤 이상한 것을 발견했다. 바로 화성 표면에 나타난 선 모양의 무늬들이었는데 그는 이것을 카날리canali, 수로라고 불렀다. 이 단어는 이탈리아어로 강, 도랑, 운하 등을 의미하며 반드시 사람이 만든 수로만을 뜻하는 것은 아니다. 스키아파렐리는 이런 단어를 선택함으로써 천문학의 오래된 전통을 고수했다. 그때만 해도 사람들은 달에도 실제로 물은 없지만 어두운 저지대를 '바다'라고 불렀기 때문이다. 스키아파렐리는 화성 지도에 이 '수로'들의 전체적인 연결망을 그려 넣었다.

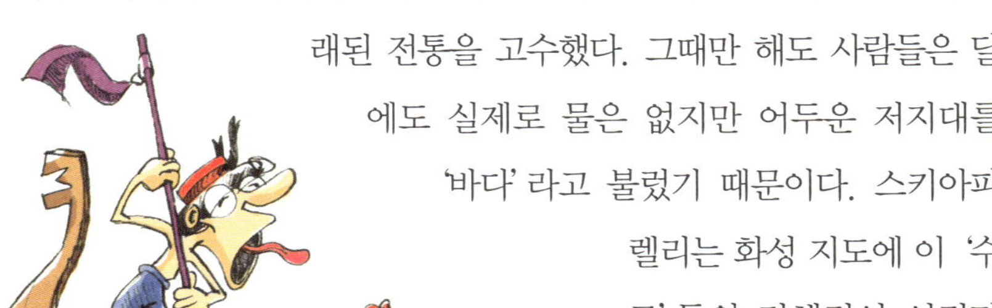

다른 천문학자들도 화성의 표면에서 이런 무늬를 보았다. 그러나 이들은 운

하의 존재에 대해 부정적으로 생각했다. 이런 선 모양의 무늬가 정말로 존재할까? 혹시 잘못 관찰한 것은 아니었을까? 사실 스키아파렐리도 이런 비관주의에 전적으로 뜻을 같이했다. 그 역시 이런 모양이 무조건적으로 진짜 '운하'를 나타낸다고 믿지는 않았다. 그러나 이미 화성 운하에 대한 이야기는 모든 신문을 통해 퍼졌고 이때부터 하나의 독립적인 주제가 되었다.

19세기에는 많은 사람들이 지구가 아닌 다른 행성, 특히 화성에도 생명체가 살고 있다고 확신했다. 당시의 지식으로는 이런 확신에 방해되는 것이 거의 없었다. 이런 생각을 적극적으로 주장하고 확신했던 사람은 미국의 천문학자인 로웰이었다. 그는 1894년에 특별히 화성 관측을 위해 애리조나에 자신의 천문대를 세웠고 자신의 의견을 담은 기사와 저서를 발표해 인기를 모았다. 로웰은 수백만 명에 이르는 열광적인 독자들에게 화성은 극지방에만 물이 있고 점점 건조해져서 물이 부족한 행성이라고 알렸다.

그래서 지능이 높고 기술적으로 우리를 능가하는 화성인들이 물을 끌어오기 위해 화성에 수많은 운하를 만든 것이라고 주장했다. 또한 특정한 지역에서 관찰한 검은 반점들도 이런 물 덕분에 자란 식물이라고 설명했다.

당시에는 대중 매체도 화성인의 존재에 대해 확신했다. 여러 명의 관찰자들이 화성에서 밝기가 변하는 모습을 보았고 그것이 일종의 메시지라고 해석했다. 전기 공학자인 니콜라 테슬라는 거대한 고압 장치를 이용해서 우주에 전기 신호를 보냈고 화성에서 대답이 왔다고 주장했다. 영국의 작가인 허버트 조지 웰스는 『우주 전쟁』이라는 책을 써서 베스트셀러가 되었다. 이 책에서는 악하고 기술적으로 뛰어난 화성인들이 지구를 공격한다. 이들의 박테리아 감염이 유일하게 우리의 행성을 구하는 역할을 한다.

그러나 대부분의 다른 천문학자들은 대중 매체의 의견에도 찬성하지 않고, 화성의 운하에 대해서도 믿지 않았다. 결과적으로는 이들이 옳았다. 얼마 되지 않아서 더 발달된 망원경을 통해 화성의 운하는 시각적인 착각이라는 것을 밝혔다. 그리고 오늘날 우리는 무인우주탐사선을 통해 화성이 젊은 시절에는 물을 가지고 있었지만 오늘날에는 단지 붉은 먼지 사막이라는 것과 확실히 그 어떤 진화된 생명체도 존재하지 않는다는 사실을 알게 되었다.

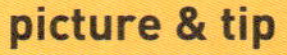

picture & tip

*스키아파렐리(1835~1910)(좌) : 이탈리아 천문학자로 화성에서 '수로' 라 불리는 선을 발견해 화성에 생명체 존재 논쟁을 일으켰다.

*로웰(1855~1916)(중) : 미국 천문학자이다. 스키아파렐리가 화성의 운하를 발견한 것에 흥미를 갖기 시작해 행성 연구에 몰두했다. 로웰 천문대를 따로 건설해 평생 화성 관찰에 몰두했다.

*'수로' 라 불리는 화성 표면의 선(우)

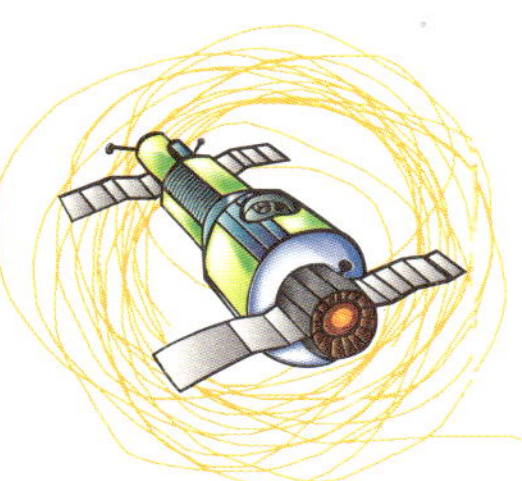

달은 예전에 지구에 잡혔다?

달은 어떻게 생겼을까? 지구에 딸린 달은 지구의 영향을 받아서 생긴 걸까,
아니면 각각 따로 생겨서 만나게 된 것일까?

달 탐사를 위한 아폴로호의 발사는 많은 학문적 의문을 불러일으켰다. 그리고 당시에 희망했던 것과는 달리 결코 달에 관한 모든 의문에 대해 시원한 대답을 주지는 못했다. 그러나 인간의 오랜 수수께끼 하나만큼은 풀어주었다. 바로 달이 어떻게 생겨났는가 하는 문제였다.

여기에 관해서는 그동안 여러 가지 이론들이 제기되었다. 아폴로호가 직접 달에 가기 전에는, 달과 지구는 서로 떨어져 다른 태양계 행성들이 형성될 시기에 같이 만들어졌다는 주장이 많았다. 그 후 지구가 더 큰 중력을 이용해서 달을 잡았고 강제적으로 달을 지구 주위에서 공전하게 만들었다는 이론이었다.

사실 그런 과정이 특별히 이상한 일이라고는 할 수 없다. 거대한 행성인 목성과 천왕성 그리고 심지어 이보다 작은 화성도 분명히 이런 방식으로 주변에 있는 소행성들을 끌어당겨서 위성들을 붙잡아 두었기 때문이다.

그러나 달의 경우는 좀 다르다. 지금까지의 관측에 따르면 달은 아주 천천히 지구에서 멀어지고 있다. 이런 점은 달이 과거에 지구에게 포획되었다는 설명과는 맞지 않는다.

두 번째 이론은 달이 지구에서 분리되어 생겨났다는 것이다. 여기에 따르면 지구가 생성 초기에는 대단히 빠르게 자전을 했고 그 원심력 때문에 일부분이, 곧 융해물질이 녹음된 물질로 이루어진 구름이 떨어져 나갔다는 것이다. 이 구름이 나중에 한 덩어리로 뭉쳐져서 달이 되었다고 주장한다. 그러나 만약 지구가 처음에 그렇게 빨리 자전을 했다면 이때의 각운동량은 어디로 갔을까? 그렇게 보기에는 달-지구계가 너무 느리게 회전한다. 그래서 이 이론도 오래 가지 못했다.

오늘날 천문학자들이 공동으로 받아들이는 달 탄생 이론의 흔적을 찾게 된 것은 월석달 표면의 암석의 분석을 통해서였다. 곧 달 암석의 화학적 조성이 지구의 암석과는 눈에 띄게 유사한 점이 있지만 운석처럼 같은 시기에 생겨난 다른 천체들과는 전혀 다르게 구성되어 있다는 점을 알아냈다.

그래서 요즈음 사람들은 달의 탄생에 관한 시나리오를 어린 지구가 겪은 엄청난 재앙으로 상상하고 있다. 당시에 지구는 태어난 지 수백만 년이 되었지만 아직 용해기체나 고체, 액체가 다른 액체 속에 녹는 현상된 상태였다. 그리고 이때 태양계 안에서는 더 많은 암석의 파편 조각들과 미니행성들이 주변에서 윙

 선생님도 모르는 우주 이야기

윙거리고 있었기 때문에 지금보다 훨씬 더 소란스러웠다. 이 파편 조각들 중의 하나와 지구가 스치듯이 작은 각도로 충돌을 했다. 그 조각은 화성 정도의 크기였다. 그런데 이 충돌은 대단히 강력한 것이어서 아직은 두껍지 않았던 지각의 밑에 녹아 있던 암석의 일부분과 충돌한 파편 조각의 커다란 부분이 떨어져 날아갔다. 그리고 이들이 지구 둘레에 암석 덩어리로 흩어져 돌다가 하나의 공 모양을 형성하게 되었고 이것이 천천히 차가워져, 이때부터 달로서 지구의 주변을 돌게 되었다고 한다.

★ 쟤미있는 우주 상식!

원심력 원운동을 하는 물체가 계속 그 방향으로 운동하려는 힘. 즉 원의 중심으로부터 멀어지려는 힘이다.

picture & tip

*아폴로호 : 달을 조사하기 위해 사람을 태워 달까지 가서 달 주변을 조사한 우주탐사선이다. 1969년 처음으로 사람이 달에 착륙해 달에 대해 조사했다.

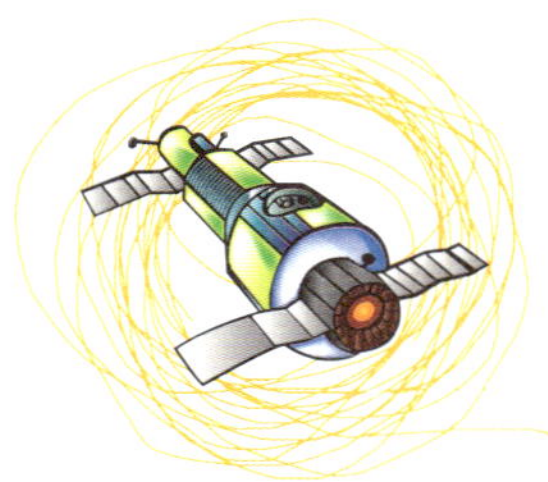

우주는 '보통 물질'로 이루어져 있다?

우주는 무엇으로 이루어져 있을까? 까만 우주 안에 어떤 물질이 있기에,
태양은 빛을 내고, 지구는 자전을 하는 걸까?
우리가 모르는 비밀 물질이 숨어 있는 것은 아닐까?

우주는 적은 양의 '보통 물질'로 이루어져 있다. 여기서 '보통 물질'이란 지구와 태양을 만드는 원자와 분자로 이루어진 물질들로 흔히 우리가 알고 있는 것들을 말한다. 그러나 사실 우주에 있는 보통 물질은 마치 맥주 속에 들어 있는 알코올 성분만큼이나 그 양이 적다. 보통 물질은 우주의 약 4% 정도만 차지한다. 그리고 이 중에서도 단 0.5%만이 고유의 빛을 발한다. 나머지 3.5%는 행성이나 암흑 먼지들처럼 차갑고 스스로 빛을 내지 않는 물질들로 이루어져 있다.

한편 우주의 약 23%를 차지하는 더 중요한 구성 요소는 바로 '암흑 물질'이다. 이 물질은 단지 그들의 무게를 통해서만 존재 여부를 알 수 있으며 눈에는 띄지 않는다. 그러나 이런 물질이 존재하는 것만은 분명하다. 전문가들의 계산에 의하면 눈에 보이는 물질들의 인력만으로는 은하들을 함께 묶어두기 부족하기 때문이다. 그러므로 은하들 사이에는 접착제 역할을 하는 또 다른 무엇인가가 있어야만 한다는 뜻이다. 바로 암흑 물질이 있어야 한다.

그러나 암흑 물질이란 것이 어떤 것인지, 도대체 무엇으로 이루어져 있는지는 아직 아무도 모른다. 단지 이 물질이 독특한 특성을 지닌 아직 발

견되지 않은 소립자일 것이라는 추측만 할 뿐이다. 그러나 분명한 것은, 이런 물질 없이는 우리가 존재할 수 없다는 점이다. 오직 이런 물질 때문에 모든 별과 은하들이 만들어졌기 때문이다.

그런데 그보다 더 신비한 것이 있다. '보통 물질'과 '암흑 물질'을 뺀 나머지를 제외한 약 73%에 해당하는 존재가 바로 그것이다. 이 부분에 대해서는 1998년에 와서야 과학자들이 관심을 기울이기 시작했다. 오늘날 우주는 몇 십억 년 전보다 더 빠르게 팽창하고 있다는 사실을 새롭게 밝혀냈기 때문이다. 그 어떤 힘이 우주를 점점 더 빠른 속도로 쫓아서 흩어지게 만들고 있는데 과학자들은 이를 암흑 에너지라고 부른다. 하지만 아쉽게도 천문학자들은 단지 이름만을 붙였을 뿐 아무도 그것이 어떤 것인지 알지 못한다. 갑자기 두려운 생각이 든다. 이렇게 보면 우리는 이 우주를 구성하는 요소의 약 96%에 대해서는 전혀 아는 것이 없다는 뜻이기 때문이다.

암흑 물질 빅뱅 이론에 따르면 우주는 대폭발로 탄생했으며 지금도 아주 빠른 속도로 팽창하고 있다고 한다. 그런데 우주의 팽창 속도로 우주 전체의 질량을 측정했을 때 관측되지 않은 영역에 훨씬 많은 질량을 가진 물질이 있는 것으로 밝혀졌는데 이를 암흑 물질이라고 한다. 천문학자들은 암흑 물질의 정체를 밝히면 우주 탄생의 신비를 알 수 있을 것이라 믿고 열심히 연구 중이다.

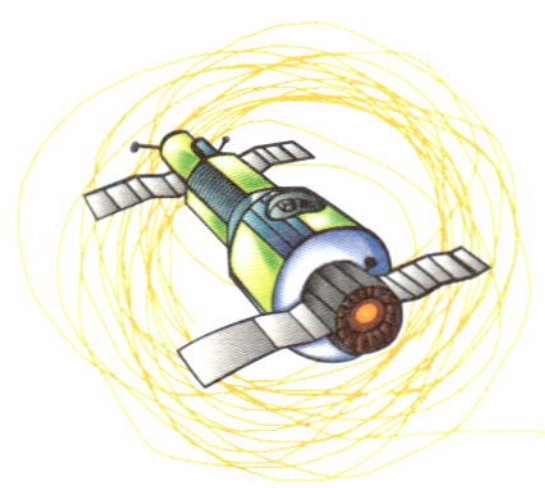

지구는 달이 없어도 상관없다?

태양계의 모든 행성에 위성이 있는 것은 아니다. 수성이나 금성은 위성이 없어도 자전하고 공전한다. 그렇다면 지구 역시 달이 없어도 지금과 별로 다르지 않을 듯하다. 달이 없다면 어떤 일이 일어날까?

만약 캄캄한 밤하늘에서 창백한 달빛을 볼 수 없다면 어떻게 될까? 바다에서 밀물과 썰물이 일어나지 않는다면, 그리고 사랑하는 사람들이 바라보면서 소원을 빌거나 개들이 보고 짖어댈 대상이 없어진다면 안타깝게 생각하는 사람들이 많을 것이다.

그러나 금성과 수성은 행성이면서도 위성이 없으며, 화성의 주위를 도는 작은 두 개의 암석은 거의 위성으로 치지도 않는다. 그렇다면 지구의 위성인 달은 꼭 필요한 것일까?

아마도 달이 없다면 지구는 편안하고 생명력이 넘치는 행성은 될 수 없을 것이다. 달은 지구의 축을 고정해주는 역할을 한다. 지구의 축은 현재 아주 조금 흔들리고 있다. 그러나 달이 없다면 지구는 쓰러지는 팽이처럼 기울어지게 될 것이다. 천문학자들은 그런 조건에서는 장기간 동안 지구에서 안정적인 생태계가 형성될 가능성은 대단히 희박하다고 생각한다. 물론 생명체는 존재하겠지만 진화의 과정은 전혀 다른 방향으로 진행될 것이다. 그리고 지능이 발달된 생명체가 존재할 가능성은 거의 없다.

거기다가 달 때문에 일어나는 조석 현상이라는 제어 장치가 없다면 지구는 더 빨리 회전하게 될 것이다. 어쩌면 하루가 24시간이 아니라 8시간이 될 수도 있다. 빠른 회전은 강력한 폭풍을 일으킬 것이며 생명체들은 이런 상황에 적응해야만 한다. 그래서 높이 자라는 식물 대신 거의 바닥에 붙어 있듯 낮게 퍼지는 식물들만 존재할 것이며, 동물들도 발톱이나 유선형의 체형 혹은 단단한 껍질 등으로 바람과 깨어진 돌조각들로부터 스스로를 지킬 수 있게 훈련될 것이다.

★ 재미있는 우주 상식!

수성 태양에 가장 가까운 행성이다. 태양 가까이에 있어서, 새벽과 저녁에 잠깐 동안만 볼 수 있다. 자전 주기는 58.65일이고, 공전 주기는 87.97일이다. 따로 위성을 가지고 있지는 않고, 달처럼 표면에 크레이터를 볼 수 있다.

조석 현상 달과 태양에 의해서 바닷물이 오르고 내리는 현상.

picture & tip
*수성(좌), 지구와 달(우)

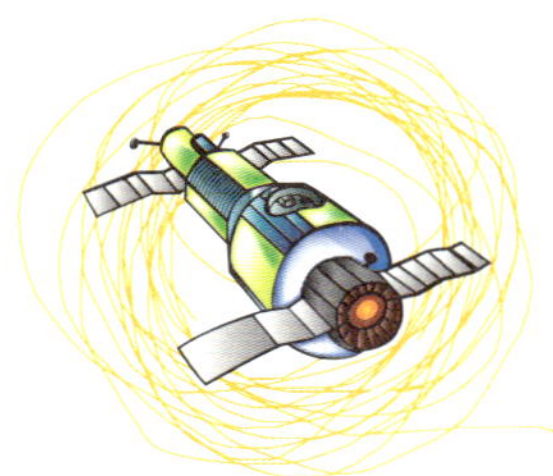

명왕성은 정말 행성일까?

태양계의 아홉 번째 행성인 명왕성은 정말 말도 많고, 탈도 많은 행성이다.
행성이라고 이름은 붙였지만, 다른 행성들과는 다른 점이 너무 많다.
도대체 명왕성의 정체는 무엇일까?

1930년에 명왕성이 태양의 가장 바깥쪽을 돌고 있는 행성으로 발견된 것은 큰 사건이었다. 그러나 천문학자들은 새롭게 태양계의 회원이 된 이 행성에 대해 무조건 기뻐하지만은 않았다. 처음에 사람들은 저 멀리 있어서 거의 알아볼 수 없는 이 행성이 대략적으로 지구 정도의 크기일 것이라고 믿었다. 그런데 명왕성의 지름은 지구의 6분의 1밖에 되지 않았다. 더구나 그 질량은 지구 질량의 0.3%도 되지 않았다. 명왕성은 태양계에서 가장 작은 행성이 되었고 심지어 우리의 달보다도 크기가 작은 것으로 드러났다.

또한 명왕성의 공전 궤도 역시 특이하다. 명왕성의 궤도는 다른 행성들처럼 원형에 가까운 타원형이 아니라 아주 심하게 벌어진 원형을 이루고 있어서 때때로 해왕성 궤도 안쪽까지 넘어오기도 하기 때문이다. 또한 명왕성은 다른 행성들의 궤도보다 위아래로 더 많이 움직인다.

오늘날 많은 천문학자들은 명왕성을 오히려 행성이 아니라 크기가 큰 소행성 혹은 혜성의 핵으로 보고 있다. 명왕성이 카론(charon)이라는 위성을 가지고 있기는 하지만 이 위성도 또 하나의 소행성으로 여긴다. 실제로 지난 몇 년 동안 명왕성의 궤도 밖의 카이퍼 벨트에서 수백만 개에 이르는 작은 천체들, 곧 혜성의 핵들이 띠 모양을 이루고 있다는 것을 발견했다. 이곳은 태양 빛이 매우 약하기 때문에 암석과 얼음으로 이루어진 이런 천체들을 발견하기는 쉬운 일이 아니었다.

그동안 과학자들은 태양계의 외부 영역, 즉 카이퍼 벨트 근처에서 850개가 넘는 천체를 발견했는데, 그 중에는 진한 붉은 색의 세드나도 있으며 이 작은 천체의 지름은 1,700킬로미터이다.(명왕성의 지름은 2,300킬로미터이다.) 그래서 과학자들은 명왕성이 하나의 행성이 아니라 단지 이 띠 모양의 천체들 중에서 현재로서 제일 큰 천체일 뿐이라고 주장하는 것이다.

천문학자들이 그 곳에서 더 큰 천체를 발견하는 일은 단지 시간 문제일 것이다. 늦어도 그때가 되면 아마도 행성 목록에서 명왕성의 이름이 지워지고 그 이후부터는 소행성 중의 하나로 보게 될 수도 있을 것이다.

picture & tip

*명왕성과 카론

달의 한쪽 면은 언제나 어둡다?

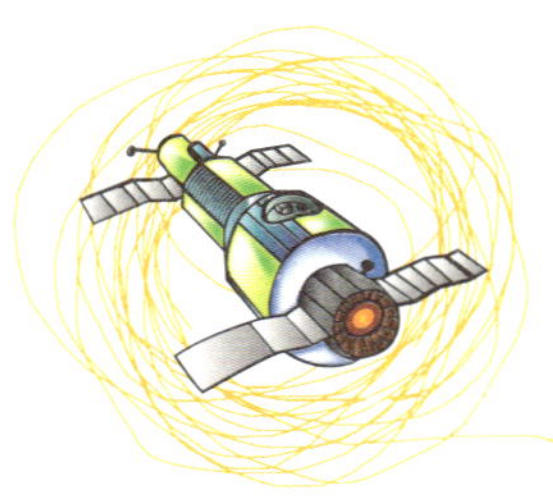

태양 빛을 받아 반사 빛을 내는 달은 둥글기 때문에 한 면만 태양의 빛을 받을 수 있다. 그렇다면 달의 한쪽은 늘 밝고 한쪽은 늘 어두울까?

유럽뿐 아니라 앵글로 색슨족의 나라에서도 '달의 어두운 부분'에 대한 전설이나 신화들이 많이 전해져 오고 있다. 이 어두운 부분이란 우리에게 보이지 않는 달의 뒷면을 말한다.

물론 둥근 달 전체가 동시에 환하게 밝을 수는 없다. 그 이유는 모두가 알고 있듯이 달은 태양의 빛을 반사하기 때문이며, 태양은 언제나 한 방향에서만 달을 비추기 때문이다. 그렇다고 해서 달의 어두운 면은 항상 어둡고 밝은 면은 항상 밝다는 뜻은 아니다. 달도 자신의 축을 중심으로 자전을 하고 있기 때문이다. 그래서 달이 한 번 자전을 하고 달의 하루가 지나면서 달의 모든 부분들이 골고루 태양의 빛을 받게 된다. 지구에서는 보이지 않는 뒷면까지도 말이다.

그런데 달의 경우와는 다르게 정말로 언제나 어두운 부분과 언제나 밝은 부분을 가진 위성도 있다. 바로 토성의 위성인 이아페투스(Iapetus)가 그런 경우이다. 이아페투스는 '두 개의 얼굴을 가진 위성'으로 알려져 있으며 태양계 전체에서 아주 독특한 특징을 보이는 위성이다.

이 위성의 밝은 부분은 크레이터로 가득 차 있고 표면에 닿는 태양빛의 거의 절반을 반사시키는 물질들로 이루어져 있다. 반면에 어두운 부분은 전혀 다른 모습이다. 마치 석탄 먼지가 덮여 있는 것처럼 어둡고 빛의 4% 정도만을 반사한다. 이 부분의 구조에 대해서는 아직 수수께끼가 풀리지 않았다. 아마도 이 부분은 검은 암석으로 이루어져 있을 것이고, 어둡고 그을린 먼지들로 덮여 있을 것으로 추측할 뿐이다. 우주공간탐사기 '카시니호'가 여기에 대한 확실한 설명을 해주게 될 것이다.

빅뱅은 우주 안에서의 폭발이다?

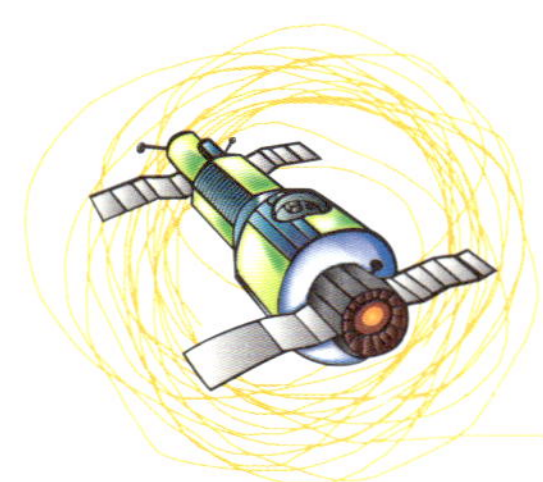

약 139억 년 전, 우주에서 커다란 폭발이 일어나 우주가 생겼다는 것이 빅뱅 이론이다. 아직까지는 하나의 '이론'일 뿐인지만, 정말 이런 빅뱅 이론이 가능한 것일까?

"모든 것이 달려가고, 탈출하고, 도망간다."라고 말한 어떤 시인의 문장은 천문학에 관련된 것은 아니지만 우주에 잘 맞는 표현이다. 아주 멀리 떨어진 은하들일수록 더욱 빠른 속도로 우리에게서 멀어지고 있기 때문이다. 이것이 의미하는 것은 과거에는 그런 은하들이 더 가까이 모여 있었다는 뜻이다. 오늘날의 추측에 의하면, 소위 이런 '도피행위'는 약 137억 년 전에, 곧 빅뱅으로 우주가 생겨났을 때 시작되었다.

그러나 우리는 이런 빅뱅을 우주 안의 어떤 한 지점에서의 폭발로 생각해서는 안 된다. 우주에는 "여기가 우주의 탄생 장소이다."라는 글과 함께 기념비를 세워둘 만한 특정한 장소가 없다. 그보다는 공간이 극도로 밀도가 높은 상태로부터 스스로 팽창된 것이며 지금도 여전히 팽창하고 있다. 그리고 팽창하고 있는 공간이 은하를 함께 동반하고 있다.

빅뱅이라는 천재지변을 비교할 만한 대상은 없다. 이 사건의 엄청난 위력만이 아니라 이런 과정을 통해서 시간과 공간 자체가 생겨났다는 사실은 상상조차도 어렵다. 빅뱅의 상황에서는 '바깥'이라는 것도 없었고, 제3자로서 관찰할 수 있는 사람도 없었으며, 또한 '먼저'라는 개념도 존재하지 않았다. 또한 일반적인 의미에서의 '폭발'도 없었다. 오늘날 관찰되는 것이라고는 당시에 고온에서 방출되었던 빛의 약한 잔재, 곧 우주배경 복사라고 불리는 것뿐이다. 이것은 빅뱅 이론의 중요한 간접적 증거가 되고 있다.

현대 물리학의 양자역학에 따르면 정확한 시점 0을 정하는 것도 불가능하며, 하물며 가장 최초의 순간에 어떤 일이 일어났는지 설명하는 것은 더욱 불가능하다. 오늘날 우리는 우주가 일종의 진공 상태로부터 만들어진 것으로 추측하고 있다. 그런데 현대 물리학에서는 이런 상태를 완전하게 비어 있는 것이 아니라 그 안에서 끊임없이 입자들과 반대입자들이 생기고 다시 사라지는 상태로 이해한다. 물론 그렇게 해서 또 다른 많은 우주들이 탄생되었을 수도 있겠지만 우리는 거기에 대해서는 아는 바가 전혀 없다.

우주배경복사 우주가 빅뱅에 의해 탄생할 무렵 생겼던 빛으로 우주의 배경을 형성한다고 하여 우주버경복사라 한다. 우주배경복사는 미국의 벨 연구소에서 전파 안테나를 제작하던 두 기술자에 의해 우연히 관측되었다.

양자역학 1920년대 하이젠 베르크, 에르빈 슈뢰딩거 등의 과학자에 의해 새롭게 등장한 물리학의 한 분야이다. 원자 세계를 이루고 있는 전자나 양성자 또는 중성자 등의 아주 작은 입자들의 운동을 다루는 과학으로 상대성 이론과 함께 현대 물리학의 핵심을 이룬다.

picture & tip

*빅뱅의 순간

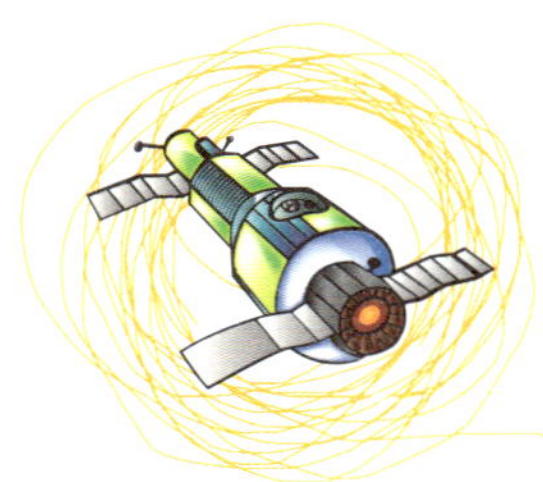 태양은 빅뱅 직후에 생겨났다?

다행히도 그렇지 않다. 태양은 빅뱅 후 많은 시간이 흐른 뒤에 생겨났다. 그렇지 않았다면 오늘날 우리는 존재하지 않았을 것이다. 지구와 그 속에 살고 있는 모든 생명체를 비롯해 우리 인간의 몸을 구성하는 많은 화학 원소들은 결코 우주와 함께 만들어지지 않았기 때문이다. 약 137억 년 전의 원시 우주는 실질적으로 수소와 헬륨만을 지니고 있었고, 탄소, 산소, 질소, 규소, 황, 철 등은 아직 만들어지지 않았다.

그러나 그 후 약 1억 년에서 4억 년 후에는 별이 만들어지기 시작했다. 별들은 큰 원자핵들의 생성을 위한 거대한 공장과 같다. 별들의 핵 안에서 핵융합 과정이 일어나고 작은 원자핵들이 더 큰 원자핵으로 모습을 바꾸었기 때문이다. 이때 방출되는 에너지가 별을 밝혔다. 질량이 큰 별에서는 수백만 년이 흐르면서 이런 방식으로 철과 같은 무거운 원소들이 만들어진다.

질량이 큰 별은 핵융합을 위해 필요한 원자핵들을 모두 다 소비하면 엄청난 폭발과 함께 최후를 맞이한다. 그러면 이 별은 며칠 동안 한 은하의 모든 별들을 다 합한 것보다도 더 환한 빛을 낸다. 또한 수십억 도에 이르는 대폭발의 뜨거운 불길 속에서 무거운 원소들이 형성되고 먼지 구름의 형태로 우주에 분산된다. 이 먼지 구름 속에서 새로운 별이 탄생한다.

　이러한 별의 폭발을 초신성이라고 부르는데, 지구에서 볼 때는 그런 현상이 때때로 새롭게 생겨난 특별히 밝은 별처럼 보이기 때문이다. 초신성은 심지어 한낮의 하늘에서도 볼 수 있을 정도로 밝다. 그러나 오늘날 초신성은 매우 드물다. 지금 상황은 우주 초기와는 아주 다르다. 당시에는 은하계에서 반복적으로 초신성의 폭발이 일어나서 환한 빛을 냈다. 초신성은 점점 별들 사이에 있는 먼지를 무거운 원소들로 농축시킨다. 바로 그러한 먼지 구름 중의 하나로부터 우리의 태양과 그 행성들이 형성되었다. 이런 일이 일어난 것은 46억 년 전이고 우주는 이미 약 90억 년의 나이가 되었을 때였다.

★ 재미있는 우주 상식!

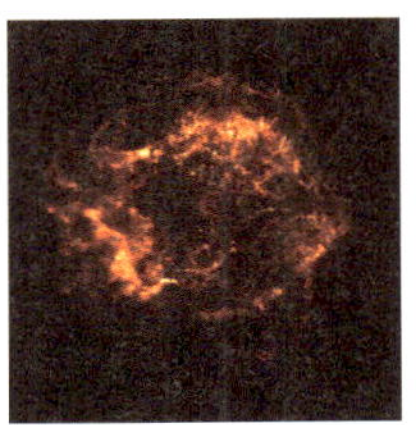

초신성 약하게 빛나던 별이 갑자기 환해졌다가 다시 약해지는 별을 신성이라 한다. 이러한 변화가 신성보다 만 배 이상 더 크게 나타나는 별을 초신성이라 한다.

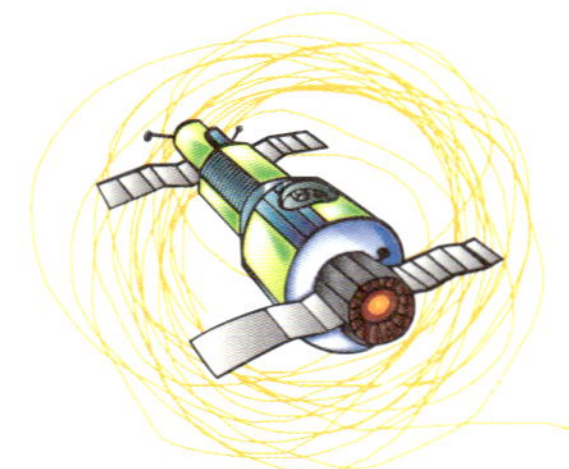

우주는 얼마나 클까? 모양은 어떨까? 게다가 우주는 점점 더 커진다고 하는데
그렇다면 우주는 얼마나 더 커질 수 있는 걸까?

지금까지의 연구 단계에서 보면 우주는 무한히 크지는 않다. 그러나 '경계선'이라는 의미의 끝은 없다.

이 말은 이해하기 어려울 수도 있지만 잘 생각해보면 그렇지도 않다. 예를 들어, 커다란 공 모양의 표면에 있는 2차원적인 개미들을 상상해보면 된다. 이 개미들은 둥글게 굽어져 있는 2차원 표면 위로만 왔다갔다할 뿐 위와 아래를 포함한 3차원적인 입체감을 전혀 느끼지 못한다. 이 개미가 세상을 다 돌아다닌다고 해도 결코 어떤 경계선에 이르는 일은 없으며, 완전하게 한 바퀴를 돌아 다시 출발점으로 돌아오게 될 것이다. 이처럼 구형의 표면에는 개미가 볼 수 있는 경계선은 전혀 없지만, 그렇다고 해서 이 구형이 무한히 큰 것은 아니다. 우주도 이와 비슷하게 생각할 수 있으며 다만 몇 차원이 더 높을 뿐이다.

그런데 우주는 또 다른 복잡한 특징을 가지고 있다. 즉, 우주는 팽창하고 있기 때문에 점점 더 커지고 있다. 그러므로 이제 부풀어 오르는 고무 풍선 위에서 기어 다니는 개미를 생각해야 한다.

현재 우리도 우주에서의 거리가 엄청나게 멀다. 아주 멀리 있는 영역에서의 빛은 아직 지구에 도착하지도 않았기 때문에 우리는 단지 우주의 한 부분만을 보고 있다. 그러므로 우리 모델 속의 개미도 고무풍선의 아주 작은 부분만을 볼 수 있을 것이다.

그리고 우리가 몇 년 전에 생각했던 것보다 우주가 훨씬 더 크다는 것을 말해주는 많은 증거들이 등장한다. 빅뱅에서 남겨졌던 배경복사에너지에 대한 측정 결과에 따르면 우주는 탄생 직후에 '팽창의 단계'를 거쳤으며, 이 단계에서 우주는 엄청나게 확대되었다. 이 말은 곧 우리가 지금 볼 수 있는 우주의 영역이 빅뱅 시기에는 작은 원시 에너지 덩어리의 극히 작은 일부분이었다는 뜻이다.

이렇게 가정한다면, 우리는 그 외의 다른 작은 부분들도 우주로 확대되었을 것이라고 쉽게 상상할 수 있다. 그러므로 우리는 어쩌면 하나의 우주에 살고 있는 것이 아니라 아주 많은 숫자의 또 다른 우주들이 존재하는 상상할 수 없을 만큼 거대한 멀티 우주의 한 부분에 살고 있는 것인지도 모른다.

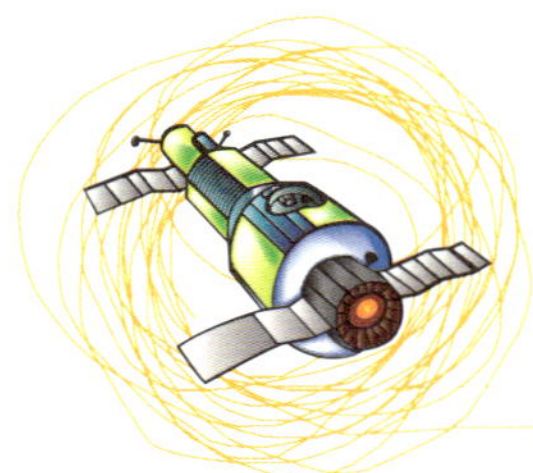

절대 시간은 이 세상에 존재한다?

나의 시간과 작은 곤충과의 시간은 같은 속도로 흐를까? 지구의 시간과 우주의 시간은 같은 속도로 흐를까? 모두에게 통하는 '절대 시간' 이라는 것이 따로 있는 걸까?

별과 은하들이 있는 거대한 공간, 그 안에서 조용히 그리고 쉼 없이 시간이 흐른다. 인간이든 외계인이든, 혹은 태양이든 원자든 모두에게 똑같이 시간이 흐른다. 그렇게 사람들은 오랜 세월 동안 우리의 세계를 상상해왔다.

그러나 알베르트 아인슈타인이 나타났고 그는 다르게 설명했다. 그는 모든 것에 연결된 시간이란 존재하지 않으며, 시간이란 우주에 있는 각각의 물체들이 겪는 개별적인 일이라고 주장했다. 모든 물체의 '시간' 은 그 물체가 얼마나 빨리 움직이는지, 그리고 그 주변에 있는 중력이 얼마나 강한지에 따라 더 빨리 혹은 더 천천히 흐를 수 있으며, 예를 들어서 빛의 속도에 가까운 빠르기로 움직이는 원자에게는 그보다 더 느리게 움직이는 원자보다 시간이 더 천천히 흐른다는 특수 상대성 이론을 발표했다. 그리고 이론에 따르면 블랙홀의 거대한 중력장에 접근할 때는 원자들의 시간이 더 완만하게 흐른다는 결론에 이르게 된다.

만약 우주 비행사들이 빛의 속도와 비슷한 속도로 우주를 여행할 수 있다면, 이들은 시간이 천천히 흐를 수 있다는 사실을 확인하게 될 것이다. 우주 비행사가 빛의 속도에 도달하면 시간은 정지할 것이다. 따라서 아인슈타인의 이론에 따르면 빛의 속도로 달리는 광자는 나이가 들지 않는다. 비록 이 때문에 광자가 우주의 다른 끝에서 나와서 우리의 단위로 수십억 년 동안 도중에 있었다고 해도 이 입자에게는 출발과 도착 사이에 아무 시간도 흐르지 않았다.

그러므로 공상 과학 영화가 초광속도의 여행을 표현할 때 나오는 희미하게 흐려진 별의 모습은 잘못되었다. 실제로 빛의 속도에서 우리는 아무 것도 볼 수 없다. 시간이 흐르지 않기 때문에 아무 일도 일어나지 않고, 결코 어떤 빛도 우리 눈에 들어오지 않는다.

물론 우주 비행사와 광자 사이에는 근본적인 차이점이 있다. 광자는 오직 빛의 속도로만 움직일 수 있다. 이와는 달리 우주 비행사는 엄청난 에너지를 소비해도 결코 빛의 속도에 가까워질 만큼 속력이 빠를 수 없다는 사실이다. 엄청난 에너지를 지닌 블랙홀로 가보는 것도 추천할 만하지는 않다. 그 곳의 중력은 우주 비행사의 육체와 그 육체의 원자들까지도 실보다 더 가늘게 늘여서 결국에는 아주 작은 단위로 분해될 것이기 때문이다.

블랙홀 별이 둥근 모양을 유지할 수 있는 까닭은 중심에서 발생하는 핵융합 에너지가 만드는 압력과 중력이 균형을 이루고 있기 때문이다. 그런데 만약에 중력이 별의 압력보다 더 커지면 중력 붕괴를 일으켜 계속 수축을 하여 마지막에는 한 점에 집중하게 된다. 이 점은 중력이 아주 크므로 빛도 나올 수 없고, 시간도 정지된 상태를 유지하는데, 이를 블랙홀이라 한다. 블랙홀은 주로 태양보다 큰 별의 진화 단계에서 마지막에 나타난다.

03
사람들이 만들어낸 엉뚱한 우주 이야기

★외계인들이 지구를 방문한 적이 있다? ★무서운 화성인들이 뉴욕에 침입했다? ★달 착륙은 조작되었다? ★보름달이 떴을 때 살인과 출생이 더 많이 일어난다? ★외계인들은 초록색의 난쟁이들이다? ★모든 행성들이 일렬로 서면 재앙이 일어난다? ★소행성대 안에는 많은 조각들이 밀집되어 윙윙거리고 있다? ★혜성은 불행을 부른다? ★달에 가면 한 노인을 볼 수 있다? ★외계인은 인간처럼 생겼다? ★점성술에서 나오는 별자리는 하늘에 실제로 존재한다? ★우주 비행선은 초광속도로 날아갈 수 있다?

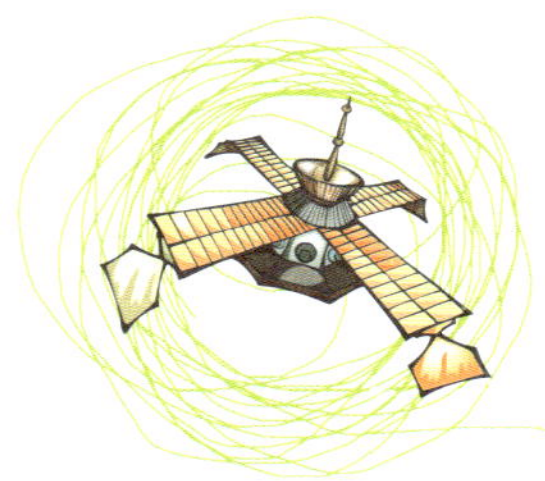

외계인들이 지구를 방문한 적이 있다?

외계인은 존재할까? 존재한다면 우리 지구에 방문하기 위해 레이더를 쏘아 지구인과 통신하고 있지는 않을까? 그 사실을 어떻게 밝혀낼 수 있을까?

그럴 수도 있다. 그랬을 때, 유감스러운 일은 그들이 아무런 증거를 남기지 않았거나 혹은 우리가 그런 증거를 아직 찾아내지 못했다는 점이다. 이런 안타까운 사실 만큼은 에리히 폰 데니켄모든 역사를 외계인과 관련시켜 설명한 독일의 신비주의 학자로 여러 권의 책을 통해 외계 문명의 가능성을 주장했다.과 그와 비슷한 생각을 하는 작가들의 많은 저서들에도 불구하고 절대로 바뀔 수 없다.

데니켄이 등장하기 전에도 이미 외계의 생명체들이 과거에 지구를 방문했을 가능성에 대해서 말한 작가들이 있었다. 데니켄은 자신의 주장에 대한 근거를 내세우면서 그런 선배들에게서 많은 부분을 인용했다. 그러나 무엇보다도 데니켄은 이런 테마를 대중들 사이에 폭넓게 알리는 일에 성공했다. 1968년에 출간된 그의 저서 『미래의 기억』이 베스트셀러가 되었고 계속해서 여러 권의 작품들을 발표했다. 그의 저서들은 학자들 사이에 많은 논쟁을 불러일으켰다. 특히 데니켄은 이런 테마와 관련해서 학자들의 무지를 탓하며 자주 공격했다. 그러나 얼마 되지 않아 그가 주장하는 모든 '증거'들이 설득력이 없는 것으로 드러났다. 데니켄은 학자들의 연구 결과들이 자신의 이론에 들어맞지 않을 때는 한마디로 그저 무시해 버렸다.

만약 우리가 데니켄의 몇몇 저서를 그대로 믿는다면 우리 선조들이 신으로 여겼다는 외계인들은 지구상에 자주 모습을 나타냈음이 틀림없다. 그리고 이들은 데니켄의 확신에 따르면 짝짓기 혹은 유전학을 이용해서 인간 진화에 개입했고, 인간의 지능을 상승시켰다. 또한 그들이 옛날 사람들에게 유용한 지식들을 전해주었고, 심지어 피라미드 건축도 도왔으며, 서로 전투를 하기도 했던 사실은 지구상의 몇몇 신화에 문자로 표현되어 있다고 한다.

그런데 이처럼 다양한 그들의 활동에도 불구하고 진정한 확신을 줄 수 있는 단 하나의 흔적도 남아 있지 않다는 것은 참으로 이상한 일이다! 다른 누구보다도 이런 점을 안타깝게 생각하고 있는 사람들은 분명히 천문학자들일 것이다. 그들은 언제나 지구 밖의 생명에 대해 대단히 많은 관심과 노력을 쏟으면서 먼 태양 주변의 행성들과 지구 밖의 반짝이는 신호를 수색하고 있지 않은가.

만약 지구에서 외계인에 관한 확실한 흔적이 발견된다면(예를 들면, 우리 선조들의 실력으로는 결코 만들 수 없었을 단 하나의 공예품만으로도 사람들이 갖고 있는 모든 의문들을 날려 버릴 수 있을 것이다. 혹은 확실하게 기록된 무덤에서 발굴된 외계인의 작은 물건이라도 좋을 것이다.) 얼마나 흥미진진한 연구 분야가 생겨나겠는가! 사실 확실한 흔적이란 결코 거창한 것이 아니다.

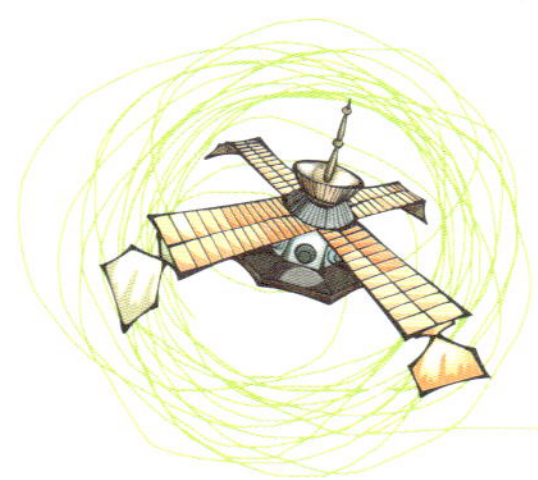

무서운 화성인들이 뉴욕에 침입했다?

정규 방송 중에 속보로 화성인들이 쳐들어 왔다는 보도가 나온다면 그 사실을 믿을 수 있을까? 영화 속에서만 보던 그 장면이 현실이 된다면 어떤 일이 벌어질까?

1938년 10월 30일 저녁, 미국에서는 라디오 앞에 앉아 있었던 청취자들 중에 화성인들의 침입을 믿었던 사람들이 많이 있었다. 이 날 미국 CBS 방송의 정규 프로그램이 긴급 뉴스로 갑자기 중단되었다. 그리고 긴급 보도에 따르면 화성에서 엄청난 폭발이 관찰되었다고 했다.

그 다음에는 뉴저지주에 착륙했다는 이상한 우주선에 대한 리포터의 '생방송 현지 보도'가 있었다. 사이렌과 고통의 비명이 섞인 실감나는 소리들, 당황한 경찰과 주민들과의 인터뷰가 들려왔다. 이 방송을 들으며 경악한 청취자들은 우주선에서 무

시무시하고 끔찍한 외계인들이 내려와서 거대한 무기와 광선으로 불을 내고 건물을 파괴하며 지구를 정복하려 한다고 믿었다. 그들은 라디오 스피커를 통해서 현장에 있는 리포터의 죽음을 함께 체험했다. 그리고 겁에 질린 주민

들의 피난 모습, 화성인들의 뉴욕 침략, 라디오 방송국의 파괴에 대한 보도를 들었다. 이런 보도들은 너무도 실감나고 확실하게 들려서 대혼란이 벌어졌다. 수천 명의 사람들이 화성인을 피해 도망을 가려고 했다. 이 날의 분위기는 마치 세계 전쟁 전날과 같이 과열되었고 많은 청취자들은 실제로 그들의 이웃이 피난 가는 모습을 보았다.

그러나 그들이 모르고 있던 사실이 있었다. 이 모든 상황은 당시 겨우 23세의 연출가였던 올손 웰스가 천재적으로 연출한 라디오 연극이었던 것이다. 그는 1898년에 영국 작가인 H.G. 웰스가 쓴 『우주 전쟁』이라는 공상과학 소설을 모델로 해서 할로윈 전야를 위한 공포 드라마를 제작했다. 그러나 정작 많은 사람들이 이 라디오극의 제일 결정적인 마지막 대사를 – "네, 할로인 특집이었습니다!" – 전혀 들을 수 없었다. 그들은 이미 깜짝 놀라서 라디오가 있던 거실에서 멀리 도망쳤기 때문이다.

이 방송의 성공이 웰스를 세계적으로 유명하게 만들었고 몇 년 뒤에는 『시민 케인』, 『제 3의 남자』 같은 작품으로 영화사에 큰 획을 그었다.

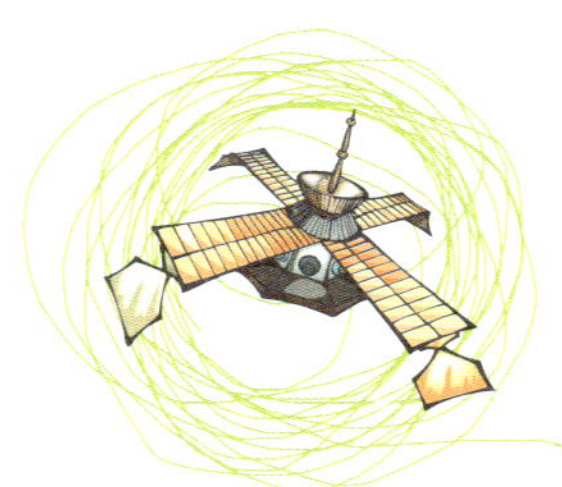

달 착륙은 조작되었다?

아무리 우주선을 탄다지만 사람이 우주 여행을 한다는 것은 아직도 믿기 어려운 일이다.
우주선을 타고 달까지 갔다는 말이 혹시 꾸며낸 이야기는 아닐까?

나이가 지긋한 어른들은 아직도 그 날을 잘 기억하고 있다. 1969년 7월 20일, 수천만 명의 사람들은 미국인 닐 암스트롱이 달에 그 첫 번째 걸음을 내딛는 순간을 함께 체험하기 위해 늦은 밤까지 TV 앞에 앉아 있었다.

그러나 이 일이 진정으로 인류의 오랜 꿈을 실현한 세기의 사건이었을까? 혹시 우리를 속인 나사(NASA, 미국항공우주국)의 대규모의 거짓 연극은 아니었을까?

수년 전부터 유럽과 미국에는 두 번째 경우를 믿는 사람들이 생겼다.

미국과 독일의 몇몇 TV 방송사들이 달 착륙과 관련된 모순들을 밝혀내고 난 다음에 이런 사람들의 숫자는 크게 늘었다. 여기서 주장한 모

순이란 우선 나사가 60년대에는 인간을 무사히 달까지 보내고 다시 돌아오게 할 정도의 기술적인 능력이 결코 없었다는 점이다. 당시 미국인들은 소련과 경쟁적인 상황에 놓여 있었다. 그래서 아주 비밀스러운 군사기지 '51지구'에 달 풍경을 만들어 달의 착륙과 관련된 모든 장면을 할리우드 방식으로 연출했다고 주장했다. 그것도 대단히 실감나고 세련되게 말이다. 그런데 이 달 착륙을 부정하는 사람들은 이들의 연출이 그렇게 완벽하지 못했다고 말한다. 당시 찍힌 달 사진에서 조작과 연관된 여러 가지 증거들이 나타났다고 생각하기 때문이다.

예를 들면 다음과 같은 주장들이 있다. 달의 하늘에서도 별은 끊임없이 빛나야 하는데 달 사진 속에는 그 어떤 별도 볼 수가 없다. 사진상에서 달 착륙선 다리에는 전혀 먼지가 없는데, 먼지로 뒤덮여 있는 달 표면에 진짜 착륙을 했다면 전혀 불가능한 일이다. 또한 사진 속의 그림자들이 동일한 사진에서 때때로 길이가 각기 다르거나 각기 다른 방향을 향하고 있다. 그러나 태양이라는 단 하나의 광원밖에 없는 상황에서는 불가능한 모습이다. 그것이 바로 스튜디오에서 여러 개의 조명을 이용했다는 증거다. 그리고 특히 중요한 의미를 가지는 증거는 소위 달에 놓아두고 왔다는 카메라로 찍은 달 착륙부터 귀환까지의 사진들에서 그 어떤 불꽃이나 화염도 볼 수 없다는 점이다.

그러나 미국 대통령이 거짓말로 전쟁을 합리화시키는 요즘 같은 시대에, 이런 부정적인 생각으로 높은 지위의 사람들에게 대항하기란 쉬운 일이 아니다. 그리고 실제로도 '달 착륙과 관련된 연극'과 같은 일은 없었다. 앞에서 소개된 부정적인 증거들은 사실 쉽게 해명될 수 있는 것들이다. 당연히 우리는 사진 속에서 별을 볼 수 없다. 카메라의 노출 시간이 밝은 달의 바닥에 맞게 조정되어 있었기 때문이다. 간단히 말해서 별들은 사진에 나타나기에 너무 어두웠다. 그리고 달착륙선의 다리에는 먼지가 하나도 없었다. 그것도 당연한 일이다. 위로 소용돌이치는 먼지들은 공기가 없는 달에서는 바로 아래로 떨어지게 되어 있기 때문이다. 그러므로 착륙 후에는 그 어떤 먼지도 쌓여 있을 수 없다.

각기 다른 그림자는 지형이 평평하지 않기 때문에 생기는 현상이다. 그리고 달착륙선은 연료로 히드라진을 연소시키는데 이 연료는 진공 상태에서는 투명한 불꽃을 낸다.

전체적으로 모든 정황이 스튜디오에서 조작되었다는 주장과는 반대된다. 그 밖에도 수백 명이 관련되었을 이런 미국의 대작전이 비밀을 유지하면서 비판적인 언론의 시각하에서 그리고 무엇보다도 경쟁 국가들이 지켜보는 속에서 이루어지기는 불가능했을 것이다.

★ 재미있는 우주 상식!

히드라진 질소와 수소의 화합물.

picture & tip

*닐 암스트롱 : 미국 우주 비행사로 아폴로 11호를 타고 처음으로 달 착륙에 성공했다.
*나사(NASA, 미국항공우주국) : 군사 목적과 관련 없이 우주개발을 목적으로 활동하는 미국 정부 기관.

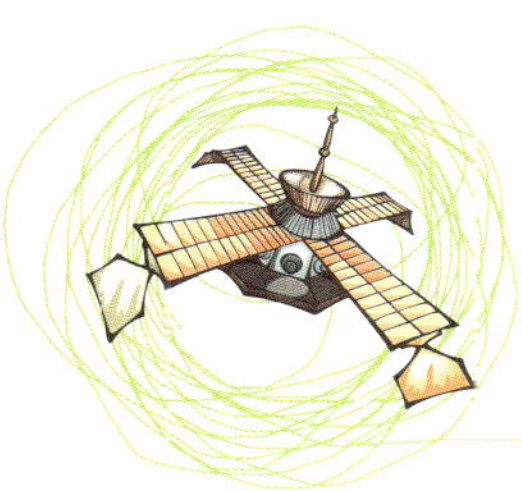

보름달이 떴을 때 살인과 출생이 더 많이 일어난다?

달은 우리의 소원을 들어주기도 하지만, 두려움을 느끼게도 한다.
우리가 달을 보고 이렇게 느끼는 것들에는 타당한 근거가 있을까?

신비하고 특별한 어떤 존재가 지구의 생명체들에게 영향을 미치고 있다. 이 신비한 존재는 사람의 신체와 정신에 영향을 끼치고 탄생과 죽음을 조정하며 식물을 자라게 하거나 사라지게 한다. 이 신비한 존재는 핼쑥한 원반 모습으로 우리 위에 떠 있다. 바로 우리의 달이다.

오늘날에도 최소한 수백만 명의 사람들이 위와 같은 내용을 믿고 있으며 소위 성공한 책들도 이런 내용을 따르고 있다. 이런 책들은 심지어 달이 어떤 모양일 때 수술을 해야 하고, 채소를 심어야 하고, 파마를 해야 하고, 빨래를 해야 하는지도 알려 준다. 당연히 그런 모든 이야기는 학문과 전혀 상관이 없다. 그것은 순전히 믿음의 문제일 뿐이다.

그런 이야기를 믿는 사람들의 세계 안에서는 지난 2,000년 동안의 천문학적인 지식이 흔적도 없이 사라진 것 같다. 이미 오래전에 우리는 달의 모양 변화는 결코 놀랍거나 기이한 일이 아니며 태양의 단순한 조명 효과라는 것을 알고 있다. 그러나 계속해서 보름달이 범죄 비율과 출산 건수를 높이며 수면과 정신을 방해한다는 주장이 나온다. 이미 수백 번의 통계 조사를 통해 분명하게 그 모순을 증명했음에도 불구하고 이런 주장은 끊이지 않는다. 물론 보름달은 특히 눈에 잘 띄기 때문에 다른 원인을 가진 문제들과 쉽게 연관되기도 한다.

또한 여성의 생리 주기와 달의 주기 사이의 관련성에 대한 동화 같은 이야기도 계속해서 등장한다. 달은 27일 하고도 약 8시간 동안 지구의 주위를 한 번 돈다. 그러나 이런 주기는 단지 아주 대략적으로만 인간의 주기와 일치할 뿐이다. 인간의 주기는 여성에 따라서 22일에서 37일 사이에 있으며 게다가 여러 가지 상황에 따라 민감하게 반응한다. 또한 인간의 주기는 다른 요인의 영향을 받는 경우와 다르게 모든 여성들에게 동시에 일어나는 것이 아니다. 그리고 그렇다면 왜 인간만이 달의 영향을 받는다고 생각하는 것일까? 다시 말해서 포유류의 주기는 결코 약 한 달의 기간이 아니며 동물마다 대단히 다양하다. 골드햄스터와 쥐들의 경우는 4–5일이며, 고양이의 경우는 14일, 침팬지의 경우는 약 35일 정도이다.

달의 신비한 힘에 중독된 사람들이 즐겨 내놓는 증거가 바로 밀물과 썰물이다. 만약 달이 거대한 바다를 움직일 수 있다면 인간처럼 작은 육체를 움직이는 것은 문제가 아닐 테니까 말이다. 그러나 달의 인력은 밧줄을 당기는 것과 같은 작용과는 결코 비교할 수 없다. 달의 인력은 연관된 질량이 클수록 훨씬 더 강하게 작용한다. 예를 들면 대서양이 발트 해보다, 혹은 한 인간의 육체보다 더 큰 질량을 지니고 있기 때문에 대서양에는 밀물과 썰물이 일어나지만 발트 해에는 일어나지 않으며, 또한 인간의 육체에도 전혀 그런 현상이 일어나지 않는다. 그밖에도 중력은 거리에 의해 좌우된다. 그래서 지구 지름의 30배나 떨어져 있는 달과 비교해서 지나가는 모든 자동차가 오히려 수천 배의 인력을 발휘한다.

결국 많은 신비종교의 책에서 식물의 성장과 신체의 기능에 끼치는 '달의 위력'에 대해서 주장하는 것은 결코 오래된 경험적 지식이 아니라 일반적으로 단순한(그러나 돈벌이가 되는) 어리석음이라는 것이다. 특히 의학적인 충고와 관련된 경우는 심지어 위험한 어리석음이 될 수도 있다.

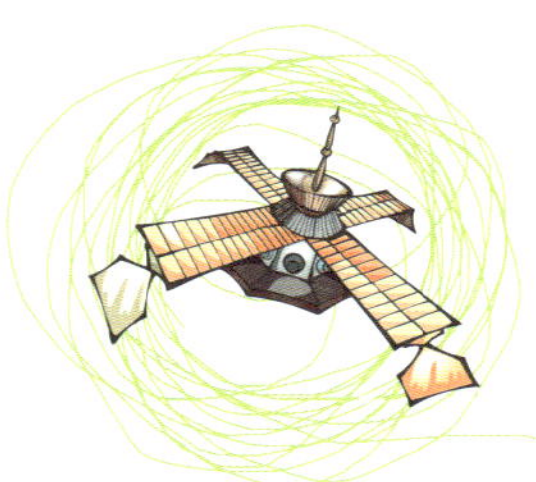

외계인은 어떻게 생겼을까? 키가 클까, 작을까? 사람의 피부와 비슷한 피부일까,
다른 피부일까? 일반적으로 알려진 외계인의 모습은 어떤 모습일까?

사실 참 이상하다. 외계인들이 존재한다고 했을 때, 사람들은 왜 그들이 작다고 생각할까? 그리고 왜 그들을 남자 난쟁이들이라고 여기는 것일까? 어쩌면 그들에게는 전혀 남녀의 구별이 없을지도 모른다. 아니, 어쩌면 두 개 이상의 성별이 있을지도 모른다. 그리고 무엇보다도 그들은 왜 하필이면 초록색일까?

아마도 그것은 우리가 모든 색깔 중에서 '초록색'을 인간이나 동물과 가장 관련이 적다고 여기기 때문일 것이다. 우리는 그동안 여러 가지 동물들을 보면서 다양한 색깔에 익숙해져 있다. 특히 화려한 색상을 지닌 새들 덕분에 다채로운 색깔을 보아왔다. 그러나 초록색은 동물이 아닌 식물의 대표적인 색이다. 이 색은 심지어 지구의 생명체들에게도 가장 중요한 색이다.

　‘초록색의 난쟁이’에 대한 상상은 앵글로색슨족의 언어권에도 퍼져 있지만 그리 오래되지는 않았다. 이곳의 경우에는 ‘초록색 난쟁이’에 관한 수수께끼의 해답을 다음과 같이 생각해볼 수 있다. 미국의 공상과학 소설 작가인 에드가 라이스 버로우즈는 제 1차 세계대전 전에 11개의 소설로 구성된 시리즈 작품을 썼다. 이 시리즈에서는 화성으로 가게 된 한 지구 영웅이 끔찍하게 생기고 무엇보다도 초록색인 난쟁이와 대결을 벌인다. 이 소설들은 미국 사람들이 생각하는 화성 이미지에 큰 영향을 미쳤다.

　그 후 미국의 UFO 학자인 헤럴드 셔먼이 1946년과 1947년에 관련 잡지인 〈어메이징〉에 화성인에 관한 두 가지 이야기를 발표했다. 바로 『초록색 남자』와 『돌아온 초록색 남자』였다. 이 이야기의 주인공들도 역시 모두 초록색이었고 몸집도 아주 작았다. 이런 이야기들이 수년 동안 외계인들에 대한 이미지에 깊은 인상을 남겼다. 그래서 1967년에 영국의 전파 천문학자인 조슬린 벨은 규칙적이고 아직 밝혀지기 전의 펄사 주기가 수초인 변광성의 일종의 전파 신호를 LGM Little Green Men, 작은 초록색 사람들이라고 이름 붙였다. 그 후에는 만화가인 펫 멀렛이 초록색의 UFO 조종사를 작품에 등장시켰다.

　한편 헤럴드 셔먼의 소설들은 공상과학 소설의 팬들에게 특별히 큰 사랑을 받지 못했다. 아마도 미래에는 과학 소설 분야에서 뛰어난 예측불허의 아이디어에게 주는 ‘리틀그린맨 상’ 같은 것이 생겨야 더 발전된 작품들이 나올 것 같다.

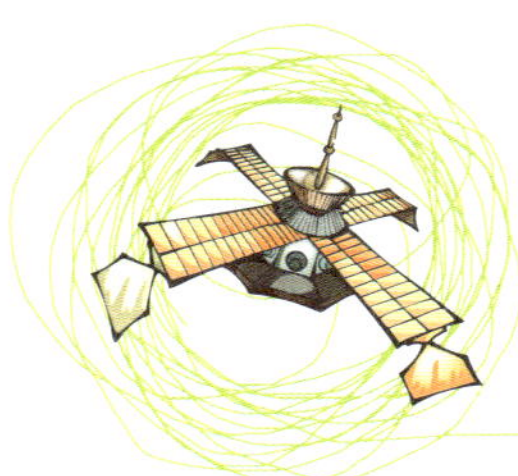

모든 행성들이 일렬로 서면 재앙이 일어난다?

옛날부터 사람들에게 행성들은 위치가 어떻게 변하는지 알 수 없는 두려움의 대상이었다. 그래서 어떤 점성가는 행성들이 한 줄로 나란히 서게 되면 지구의 종말이 온다고도 했다. 진짜로 어마어마한 우주 폭발이 일어나는 것은 아닐까?

힘들고 어려운 시대일수록 종말론을 예언한 사람들의 말은 이목을 끈다. 그러나 사실 인간이 사는 시대는 언제나 어렵고 힘들다. 그러므로 이런 사람들이 끊임없이 자신의 주장을 퍼뜨리고 이를 이용해서 돈을 벌려고 시도해온 것도 놀랄 일은 아니다.

그 중에서도 인기를 끌었던 주장은 몇몇 커다란 행성들과 태양, 그리고 지구가 일직선상에 놓이면 지진이나 다른 자연 재앙이 일어날 것이라는 예언이다. 예언자들의 주장에 따르면 중력 작용이 강력한 태양 폭발을 일으키고 지구에 위험한 결과를 낳을 것이라고 한다. 그렇게 되면 지구의 축이 기울어지고, 화산이 폭발하고, 지진이 일어나며, 댐이 무너질 것이라고 예언한다.

이런 주제가 아주 새로운 것은 아니다. 이미 같은 이유로 1186년 9월 15일을 엄청난 재앙이 닥칠 날로 예언했던 점성술사들^{별들의 움직임이나 밝기 등을 통해 사람들의 일을 점치는 사람}이 있었다. 바로 이 때 몇 개의 행성들이 하늘에 비슷한 방향으로 놓여 있었다. 그러나 아무런 일도 일어나지 않았으며 비슷한 예언이 있었던 1982년과 2000년에도 별다른 일은 일어나지 않았다. 심지어 행성들이 아주 가까이 모였던 1953년에도 그런 결과는 전혀 없었다.

태양과 행성들이 나란한 방향으로 놓이는 천문 현상은 결코 놀랄 일이 아니다. 우리가 맨눈으로 볼 수 있는 다섯 개의 행성들은 약 57년마다 비슷한 방향으로 놓이게 되기 때문이다. 그렇다고 해서 이들이 지구를 위태롭게 할 만한 영향을 끼치지는 않는다. 큰 행성인 목성도 지구에 미치는 중력은 아주 작다. 이런 행성들의 중력은 거리가 멀어지면서 급격하게 감소하기 때문이다. 목성이 지구에 가장 근접했을 때도 태양보다 약 4배 정도 더 멀리 떨어져 있다. 그러므로 지구에 미치는 태양의 인력이 모든 행성들의 인력을 다 합한 것보다 약 5,000배 더 강하다는 것을 쉽게 이해할 수 있다.

그리고 달의 영향력은 가까운 거리 때문에 언제나 태양보다 두 배 더 강력하다. 그러므로 일렬로 놓인 행성들 때문에 두려워할 이유가 전혀 없다.

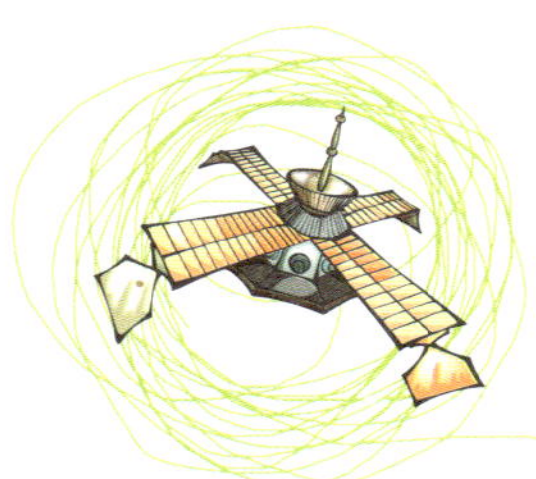

소행성대 안에는 많은 조각들이 밀집되어 윙윙거리고 있다?

만화나 소설 속 우주 선장들은 대단한 운전 솜씨를 자랑한다. 날아오는 운석을 피하기도 하고, 좁은 소행성 사이를 요리조리 잘 피해간다. 우주는 정말 그런 모습일까?

사람들은 흔히 공상과학 소설을 읽으면서 이런 모습을 상상하게 된다. 우주선 앞에 갑자기 기이한 형태를 가진 수백 개의 바위 조각들로 이루어진 구름이 나타난다. 그리고 누군가 소리친다. "조심해, 소행성 무리야!"라고. 물론 소설 속에 등장하는 뛰어난 조종사는 우주선을 능숙하게 조종해 충돌 없이 바위 조각들 사이를 잘 뚫고 나온다.

그러나 실제로는 우주선의 조종사가 소행성대를 통과하면서 바위 조각 하나를 보려면 어느 정도 행운이 따라야 가능한 일이다. 소행성 모두를 합친 질량이 우리 달의 5% 정도밖에 되지 않고 그 중에서도 가장 큰 다섯 개의 소행성들이 전체 질량의 거의 반을 차지한다. 게다가

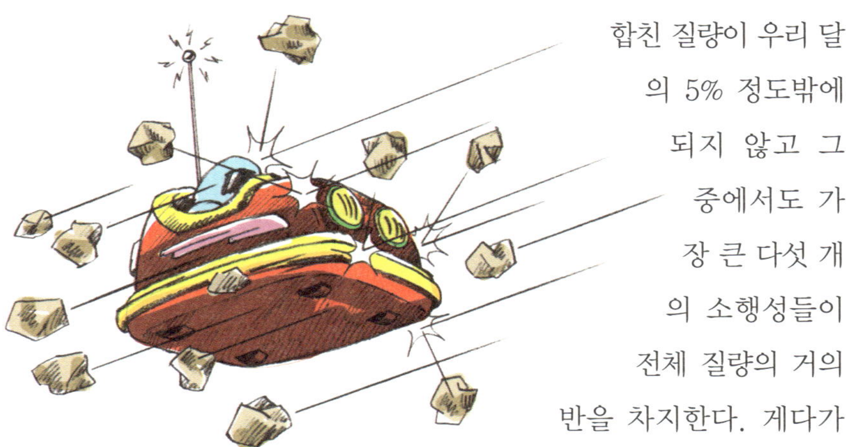

이 소행성들은 거대한 공간 속에 퍼져 있다. 우리는 대부분의 소행성들을 화성과 목성의 궤도 사이에서 발견하지만, 몇몇 소행성들은 더 안쪽에 있는 행성들 가까이에서 혹은 태양계의 외부 지역에서 움직이기도 한다.

지름이 200킬로미터 이상 되는 비교적 큰 소행성들은 우리에게 잘 알려져 있으며 그 숫자는 26개 정도이다. 그러나 지름이 1킬로미터 이하의 더 작은 소행성들은 거의 잘 알려지지 않았다. 사람들은 그런 소행성들이 약 백만 개 정도는 있을 것으로 추측하고 있다.

대략적인 계산에 따르면, 그런 소행성 두 개 사이에는 평균적으로 300만 킬로미터 이상의 거리가 떨어져 있다. 다시 말하면 소행성 간의 거리가 지구에서 달까지 거리의 약 8배만큼 된다는 뜻이다. 그러므로 별로 능숙하지 않은 조종사라고 해도 충분히 충돌 없이 길을 잘 찾아갈 수 있을 것이다.

picture & tip

*소행성대의 모습

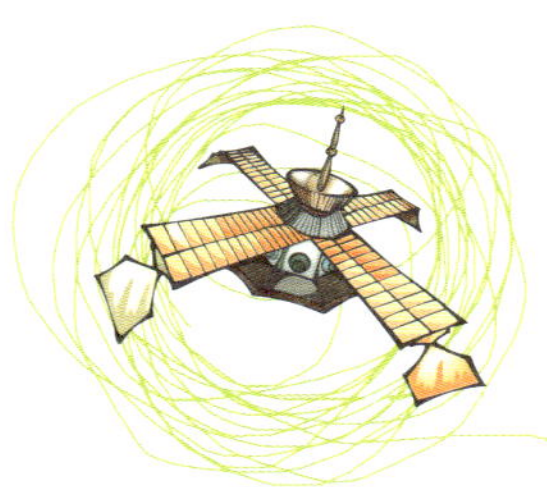

혜성은 불행을 부른다?

밤하늘에서는 가끔 꼬리 달린 천체를 볼 수 있다. 혜성이라 불리는 이 천체는 다른 별들과는 다른 모양이라 사람들에게 신비감을 주었다. 그래서 혜성에 나쁜 의미를 더하기도 했다. 정말로 혜성에는 뭔가 신비한 힘이 숨어 있을까?

근대 초기까지도 혜성이 불행을 가져온다고 생각했던 사람들이 많았다. 기아, 전염병, 그리고 전쟁과 같은 어려움이 인간을 놀라게 했을 때, 하늘에 떠 있는 꼬리별은 신의 노여움의 표시 그리고 불행의 암시로 여겨졌다.

혜성에 대한 이런 미신적인 두려움은 인쇄물들 때문에 더욱 커졌다. 이런 인쇄물들 중에는 널리 배포되었던 전단지들도 있었다. 우리는 이것을 오늘날 길거리 판매대에서 살 수 있는 선정적이고 자극적인 신문들의 조상쯤으로 볼 수 있다. 이런 신문들은 진실보다는 대중의 호기심을 만족시키는 데 더 열을 올리기 때문이다. 당시에는 혜성에 관한 으스스한 이야기들이 아주 잘 팔렸으므로 당연히 혜성의 출현은 최대한 돈벌이에 이용되었다.

이런 경향이 사라진 것은 18세기 초에 영국의 천문학자인 에드먼드 핼리가 혜성은 우리 태양계의 일원이며 계산 가능한 궤도에서 움직이고 있다는 것을 증명한 다음이었다. 한편 핼리는

안타깝게도 자신이 예언했던 '핼리혜성'이 다시 돌아올 때는 함께 하지 못했다. 그는 혜성이 돌아오기 17년 전에 세상을 떠났기 때문이다.

그런데 1910년 바로 이 핼리혜성이 돌아온 것을 계기로 오히려 혜성에 대한 두려움이 다시 한번 확산되었다. 바로 몇 년 전, 혜성 꼬리에 시안산과 같은 독가스가 포함되어 있다는 사실이 증명되었기 때문이다. 거기다가 이번에는 지구가 몇 시간 동안 혜성의 꼬리를 통과하게 될 것이라는 예측이 있었다. 이 두 가지 상황이 흥미 본위의 신문기사들을 만들어냈고, 이런 기사들이 연구 결과를 알리면서 세계의 종말을 예언했다. 혜성의 가스가 지구의 대기권과 모든 생명체를 중독 시킬 것이라고 했다.

그리하여 다시 한번 두려움을 확산시키는 사람들이 호황을 누렸다. 많은 사람들이 자신의 마지막을 준비하거나 장사꾼들이 파는 약을 먹기도 했다. 물론 결과적으로는 아무 일도 일어나지 않았다. 혜성의 꼬리에 들어 있는 가스는 농도가 아주 흐리다. 오늘날 지식에 따르면 혜성이 위험한 경우는 그것이 직접 지구 위로 떨어졌을 때뿐이며 다행히도 그런 일은 아주 드물다.

핼리혜성 태양의 주위를 76년 주기로 도는 혜성으로, 영국 천문학자 핼리가 발견한 혜성이다.

picture & tip

*에드먼드 핼리(1656~1742) : 영국의 천문학자로 1682년 혜성을 관측해 그것이 1531년과 1607년에 출현했던 혜성임을 밝혀, 혜성의 주기를 정확히 알아냈다. 그의 이름을 따서 그 혜성을 핼리혜성이라 부른다.

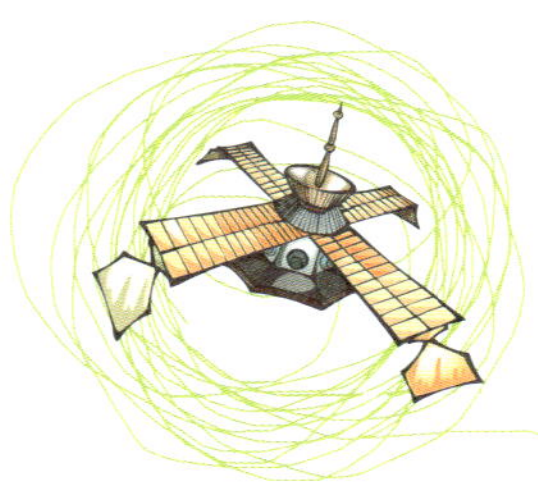

달에 가면 한 노인을 볼 수 있다?

아무도 달에 가본 적이 없을 때는 그곳에 사람이나 동물이 살고 있다고 생각했다. 지금은 이미 달에 아무런 생명체도 없다고 밝혀졌지만, 달 어딘가 토끼나 어떤 노인이 숨어 있는 것은 아닐까?

루드비히 베히슈타인의 동화 속에서, 한 노인이 크리스마스 이브에 부러진 나뭇가지들을 줍고 있었다. 지나가던 낯선 남자가 노인에게 노동이 금지된 주일에 일을 하는 것을 나무랐지만 노인은 말을 듣지 않았다. "지구의 일요일이든 혹은 천국의 월요일이든 나와 무슨 상관이 있단 말입니까?" 그런데 노인이 몰랐던 것이 있었다. 동화에 따르면 이 낯선 사람은 바로 신이었다. 그래서 이 노인은 자신이 주워 모은 나뭇가지 묶음과 함께 추방을 당했는데, 그것도 영원히 달로 추방을 당했다고 한다. 그래서 사람들은 달에서 그 노인이 나뭇짐을 끌고 가는 모습을 볼 수 있다고 한다. 오늘날까지도 말이다.

베히슈타인의 이 동화는 수백 년 동안 전 기독교 세계에서 구전되던 이야기를 글로 정리한 것이다. 아마도 이 이야기는 구약성서의 네 번째 책인 모세의 이야기에서 유래된 것으로 보인다. 여기서 신은 안식일에 나뭇가지를 주워 모으는 남자를 붙잡고 그에게 죽음을 요구한다.

그러나 '달에 살고 있는 남자' 는 어쩌면 전혀 다른 곳에서 왔을지도 모른다. 예를 들면, 죽음의 지역이라고 불리는 케이프 호른과 연관된 뱃사람들의 이야기 속에도 그런 사람이 등장한다. 케이프 호른을 항해하게 된 한 선원은 폭풍과 사나운 파도가 몰아치는 바다를 향해 욕을 했다. "저주받을 바다! 내가 사나운 케이프 호른을 이기지 못한다면 영원히 달에 앉아 있겠다." 실제로 그가 타고 있던 배는 악명 높은 남아메리카의 최남단 부근에서 암초에 걸렸고 그 때 이후로 이 선원은 우리의 달에 꼼짝없이 앉아 있게 되었다고 한다.

한편 폴란드에서는 16세기의 연금술사_{금속을 금으로 바꾸는 방법을 연구하는 사람들}이며 '폴란드의 파우스트' 로 불리었던 "마이스터 트바르도브스키"에 대한 이야기도 전한다. 그는 실제로 한 번 달에 가본 적이 있다고 전해진다. 그래서 보름달 앞에 그의 모습이 그려진 그림들이 있었다.

그런데 보름달 앞에 언제나 사람의 얼굴만 그려진 것은 아니었다. 예를 들어서 중국인, 인도인, 그리고 남아프리카의 코이-코인족은 달의 어두운 부분에 토끼가 살고 있다고 믿었다.

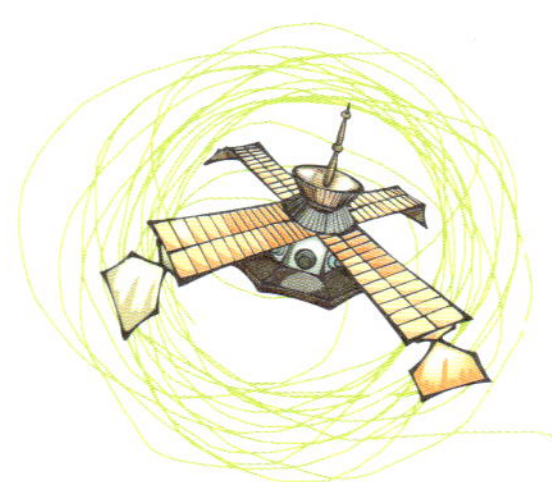

외계인이 등장하는 영화를 보면 외계인의 모습도 여러 가지다.
사람과 비슷하게 생긴 외계인도 있고, 전혀 보지 못했던 모습의 외계인도 있다.
그래도 어딘가 사람과 닮은 구석이 있지 않을까?

인간처럼 생긴 외계인들은 흔히 예전의 공상과학 영화나 '스타트랙'과 같은 TV 시리즈에서 자연스럽게 등장했다. 그런데 외계인들이 인간의 모습으로 등장했던 것은 단지 경제적인 이유 때문이다. 그렇게 해야만 가면 제작에 드는 비용이 줄어들 수 있었다. 또한 당시에는 관객들이 아직 괴물 같은 모습의 존재, 예를 들면 『우주 전쟁』에 등장했던 외계인들의 모습을 받아들일 준비가 되어 있지 않았을 것이다.

그러나 실제로는 외계인들이 인간처럼 생겼다는 아무런 근거가 없다. 오히려 우리 인간도 지구상에 존재하는 수백만 가지의 동물 중에서 아주 독특한 경우에 속할 수 있다. 그리고 여러 면에서 낯선 미지의 행성에 사는 존재보다는 오히려 같은 지구에 사는 지렁이가 우리 인간과 훨씬 가까운 관계에 있다고 볼 수 있다. 전혀 다른 환경을 가진 전혀 다른 행성에 사는 생명체가 우리처럼 생겼을 가능성은 대단히 희박하다.

　학자들이 가정하듯이 지구 밖 우주에서 온 '생명의 씨앗'을 젊은 지구가 키운다고 해도 역시 상황은 마찬가지다. 오늘날 인간이 있기까지의 과정은 정해진 것이 아니기 때문에 그런 씨앗이 인간으로 진화하기는 힘들다. 혹은 지구의 진화 과정이 순수한 지구의 물질만으로 다시 한번 원점에서 시작된다고 해도 그 과정과 결과는 전혀 다를 것이다.

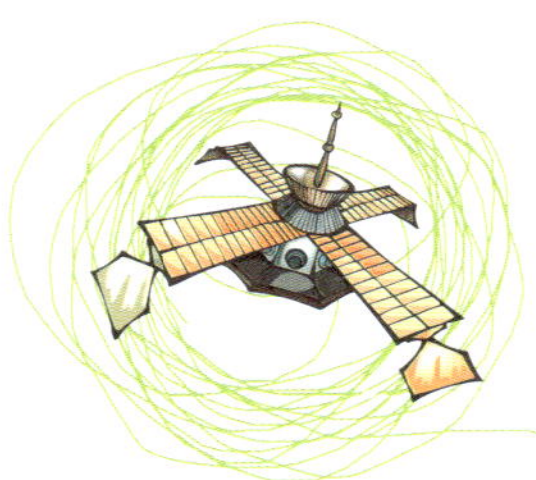

점성술에서 나온 별자리는 하늘에 실제로 존재한다?

옛날부터 사람들은 별자리를 통해 점을 보았다. 재미 반, 기대 반으로 보는 것이지만 가끔은 정말 딱 맞을 때도 있다. 그렇다면 정말 별자리 점은 믿을 만한 것일까?

우리는 가끔 신문이나 잡지에서 "황소자리가 처녀자리를 찾음"이라는 광고를 읽게 된다. 여기서 황소자리, 혹은 처녀자리라는 말은 특정한 날짜의 범위 안에 생일이 속한 사람들을 의미한다. 많은 사람들이 생각하기를 이런 날짜가 유전인자, 교육, 그리고 경험보다도 먼저 그들의 성격을 결정한다고 믿고 있다.

그러나 이것은 천문학과는 아무런 연관이 없다. 점성술에서 나오는 별자리는 천문학적인 개념이 아니다. 점성술의 별자리는 황도 12궁 태양과 행성들이 지나가는 길인 황도를 12개로 나누어 각각 별자리를 붙였는데, 주로 동물의 이름이 많다.과 천문학적인 별자리의 혼합에서 나온 것이다.

사람들은 원래 특별히 밝은 별들의 위치를 보고 동물이 신화에 나오는 형상의 이름을 상상하여 몇 개씩 묶어 별자리를 만들고 이름을 붙였다. 오늘날 천문학자들은 이런 '별자리'를 단지 하늘에서의 장소 표시나 정확하게 경계선이 있는 특정한 천체 영역의 이름으로 사용한다.

그런데 어떤 별자리들은 하늘에서 특별한 위치에 있는데, 태양이나 행성들이 지나가는 궤도에 있다. 이들은 대부분 동물 이름이 붙여져 있는데, 고대에는 다른 행성들의 위치를 파악하는 데 중요한 역할을 했다. 그러나 이런 장소 표시는 단점이 있었다. 별자리들의 크기와 간격이 각기 달랐기 때문이다. 그래서 그리스의 천문학자인 히파르코스가 약 기원전 130년경에 이 별자리들이 놓여 있는 황도를 12등분해 가장 가까이에 있는 별자리의 이름을 붙였다. 이것을 황도 12궁이라고 부른다.

당시로서는 이런 일이 하나의 진보였다. 그러나 오늘날의 천문학자들은 더 이상 이런 분류를 사용하지 않는다. 그들은 행성이나 태양의 장소 파악을 위해 정확한 각도 표시를 중요시한다. 뿐만 아니라 황도 12궁 혹

세차운동 회전하는 물체가 움직이지 않는 회전축을 중심으로 도는 운동.

picture & tip

*히파르코스(B.C.190~B.C.125) : 별의 밝기를 체계적으로 측정해서 별의 밝기를 나타내는 목록을 만들어 관측 천문학의 기초를 세웠다. 또한 천체 운동을 정확하게 계산하기 위한 삼각법을 고안했다.

은 12성자는 장기간에 걸쳐 일어나는 지구 자전축의 회전으로 인해 이미 오래전부터 그 위치가 옛날과는 다르다. 이런 현상은 지구가 팽이처럼 기울어진 채로 자전하기 때문인데, 이를 세차운동이라고 부른다. 따라서 아직도 2,000년 전에 만들어진 황도 12궁을 사용해 점을 치는 점성술사들을 보면 딱하다는 생각이 들 뿐이다.

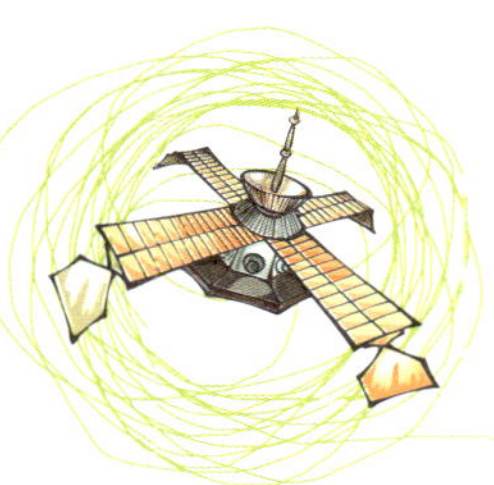

우주 비행선은 초광속도로 날아갈 수 있다?

우주 비행선은 얼마나 빨리 달릴 수 있을까? 빛보다 빨리 움직일 수도 있을까?
공상 영화 속에서는 우주 비행선이 빛보다 빨리 달리기도 한다.
정말로 현실적으로도 그런 일이 가능할까?

공상 과학 소설이나 영화에서 즐겨 사용되는 소재 중의 하나는 빛의 속도보다 빠른 초광속도 진공 상태에서 빛의 속도의 우주 여행이다. 사실 이런 소재는 소설이나 영화를 위해 필요한 일이다. 별과 별 사이 혹은 은하와 은하 사이의 상상하기 어려울 정도로 엄청나게 먼 거리를 다녀야 하기 때문이다. 만약에 그런 일이 불가능하다면 우주선이 어느 별에 도착하기까지는 수천 년이 걸릴 것이고, 소설의 사건 전개는 하염없이 길어질 것이다.

그런데 문제는 아인슈타인이 우주의 그 어떤 것도 빛보다 더 빨리 움직일 수는 없다는 것을 증명했다는 점이다. 빛은 진공의 공간에서 언제나 초속 300,000킬로미터의 속도로 움직이고, 더 이상 빨라질 수 없다. 아인슈타인의 이런 이론은 여러 번에 걸쳐 확인되었다.

보통 물질, 예를 들어서 원자와 같은 것은 결코 이런 속도에 이를 수 없다. 왜냐하면 우리가 이런 물질을

더욱 가속시킬수록 그 질량이 더 증가하기 때문이다.

'일반적인' 속도의 세계에서는 속도가 증가할 때 질량이 증가하는 효과는 찾아보기 힘들다. 하지만 빛의 속도에 가까운 속도를 내는 곳에서는 큰 영향을 받는다. 입자가속기 안에서 빛에 가까운 속도로 달리는 소립자들의 질량이 늘어나는 현상은 현대 과학에서도 확인되고 있다. 그러므로 로켓을 빛의 속도로 가속시키는 일은 생각하기 어렵다. 점점 빛의 속도로 가까워질수록 로켓의 질량은 엄청나게 늘어날 것이고, 따라서 이를 움직일 때 필요한 에너지도 엄청나게 증가하므로 우주선의 크기는 기하급수적으로 늘어나야 할 것이다.

더 비관적인 사실도 있다. 만약 빛과 같은 속도로 더 빠르게 움직일 수 있는 우주선이 있다고 해도 우주에서는 그 엄청난 거리로 인해서 여행하는 데 아주 많은 시간이 걸리기 때문이다. 예를 들어 빛의 속도를 가진 우주선을 타고 가더라도 시리우스별까지 가는 데도 8년이 걸린다. 출발할 때의 가속화 단계와 목적지에서의 정지 단계를 계산하지 않고도 그런 시간이 걸린다. 또한 은하수 중심부까지의 여행은 심지어 약 30,000년이 걸리고, 안드로메다은하까지는 270만 년 이상이 필요하다.

물론 공상 과학 소설을 쓰는 작가들도 이런 사실을 잘 알고 있기 때문에 다양한 책략을 쓴다. 예를 들면 공간을 인위적으로 축소시켜주는 '하이퍼 공간', '특수 추진장치', 혹은 서로 멀리 떨어져 있는 우주의 두 부분이나 각기 다른 우주 사이를 연결하는 터널인 '웜홀' 등을 이용해서 우주선이 마치 빛보다 더 빨리 날아다닐 수 있는 것처럼 만든다. 그런데 이런 모든 아이디어들의 문제는 그런 일들이 모두 물리학적으로 가능하다고 해도 엄청난 양의 에너지가 필요하거나 혹은 지금까지 사람들이 상상만 하던 특별한 종류의 물질이 필요하다는 점이다. 그러나 우리가 앞으로 몇십 년 안에 이런 문제를 해결할 수 있을 것이라고 보이지 않으며 도대체 언제나 가능할지 예상하기도 쉽지 않다.

웜홀 블랙홀과 화이트홀의 통로 역할을 하는 구멍.

picture & tip

*안드로메다은하 : 북반구에서 보이는 가장 밝은 은하로 여러 가지 면에서 우리 은하와 많이 닮은 은하로 알려져 있다.

04 눈으로 보는 것과는 다른 우주

★대부분의 별들은 우주에 흘로 떠 있다? ★달은 언제나 똑같은 거리만큼 떨어져 있다? ★국제 우주정거장은 맨 눈으로 볼 수 없다? ★태양은 은하수의 중심에 있다? ★초승달이나 그믐달은 지구의 모든 지점에서 똑같이 보인다? ★모든 행성은 단단한 표면을 가지고 있다? ★행성은 별이다? ★전문 천문학자들은 망원경 앞에 앉아서 관측을 한다? ★달은 특히 지구의 중력을 강하게 느낀다? ★일식 현상은 드물게 일어나는 사건이다? ★달은 매우 밝다? ★행성은 언제나 위성보다 크다? ★태양과 달의 크기는 비슷하다? ★태양의 흑점은 어둡다? ★한 별자리에 있는 별들은 같은 소속이다? ★우주는 별로 가득 차 있다? ★낮에는 하늘에 별이 없다? ★하늘에서는 아무런 일도 일어나지 않는다? ★금성은 아름답다? ★보름달은 수평선에서 특히 크다? ★모든 별들은 하얗다?

대부분의 별들은 우주에 홀로 떠 있다?

밤하늘의 별들은 제각기 반짝인다. 밝게 빛나는 별도 있고, 희미해서 있는 듯 없는 듯한 별도 있다. 이런 별은 모두 외롭게 혼자서만 반짝이는 걸까?

사실은 전혀 그 반대이다. 천체 왕국에서 태양처럼 홀로 떠 있는 별들은 50% 이하로 그 수가 매우 적다. 그래서 우리가 보는 밝은 별들은 대부분 쌍성_{두 개가 모여 한 개처럼 보이는 별} 혹은 삼중성_{세 개가 모여 한 개의 별처럼 보이는 별}을 볼 수 있으며 심지어 여섯 개가 가까이 붙어 있는 것처럼 보이는 별들도 있다. 사실 별의 이런 모습은 전혀 놀랄 일이 아니다. 별들은 최고 태양 질량의 백만 배까지도 이르는 거대한 성운_{가스나 먼지로 이루어져 구름처럼 보이는 천체}에서 집단으로 탄생하기 때문이다. 우리 은하수 안에도 4,000개 이상 나타나는 이러한 별들은 처음에 여러 개의 젊은 별들이 서로 아주 가까이에서 생겨나서 그 후에도 함께 머물러 있는 일이 흔하다.

이런 다중성_{여러 개의 별들이 한 개로 보이는 별들} 중에서는 실제로 거리가 가깝고 서로의 주변을 도는 궤도 운동을 하는 진짜 다중성들이 있는가 하면, 단지 시각적으로만 그렇게 보이는 '광학적인 다중성'도 있다. 이런 광학적인 다중성들은 지구에서 볼 때 같은 방향에 놓여 있을 뿐이며 그 외에는 서로 아무런 관련이 없다. 이러한 경우에 해당하는 대표적인 예가 바로 큰곰자리의 별인 미자르(Mizar)와 '말탄 사람'이라는 뜻을 가진 알코르(Alkor)이다. 이 두 별은 나란히 있는 것처럼 보이지만 서로 멀리 떨어져 있는 광학적인 쌍성이다. 한편 미자르는 망원경으로만 볼 수 있는 진짜 동반성이 아주 가까이에 따로 있다고 한다.

picture & tip

*광학적인 쌍성, 미자르와 알코르

달은 언제나 똑같은 거리만큼 떨어져 있다?

달은 지구에서 가장 가까운 천체로 늘 지구 주위를 돌고 있다.
지구 주위를 어떤 모양으로 돌고 있을까? 지구의 둥근 모양을 따라서 돌까,
아니면 나름대로의 원을 그리면서 돌까?

달이 정말로 동그란 원을 그리면서 지구의 주위를 돌고 있다면, 달은 언제나 우리와 똑같은 거리에 있을 것이다. 그러나 달은 한 달에 한 번씩 타원형의 궤도를 돌고 있다. 이때 달과 지구와의 거리는 끊임없이 바뀐다. 그래서 달이 우리와 제일 가까이 있을 때는 356,400킬로미터의 거리까지 다가오고, 가장 멀리 있을 때는 406,700킬로미터까지 떨어지기도 한다.

이런 차이는 우리가 밤에 달을 관측할 때 볼 수 있는 달의 크기에도 영향을 준다. 가장 멀리 있을 때의 달의 크기는 가장 가까운 곳에 있을 때의 10%밖에 되지 않는다. 그러나 지구에서 볼 때는 가장 먼 위치에서 가장 가까운 위치로 오기까지 약 14일이라는 시간이 걸린다. 그러므로 맨눈으로 관찰해서는 그런 크기의 차이를 알아볼 수 없다.

picture & tip

*언제나 지구 주위를 도는 달

　　그러나 달의 입장에서는 육중한 지구와의 거리 변화를 분명하게 느낄
수 있다. 14일마다, 곧 달이 공전 궤도에서 지구와 가장 멀거나 혹은 가장
작은 영역을 통과할 때마다 대부분 약한 진동이 일어난다. 이런 진동의
근원지는 지표에서 약 900 킬로미터 깊은 곳에 있다. 아마도 여기서는 지
구의 인력으로 인한 팽팽함이 줄어드는 것으로 추측된다.

국제우주정거장은 맨눈으로 볼 수 없다?

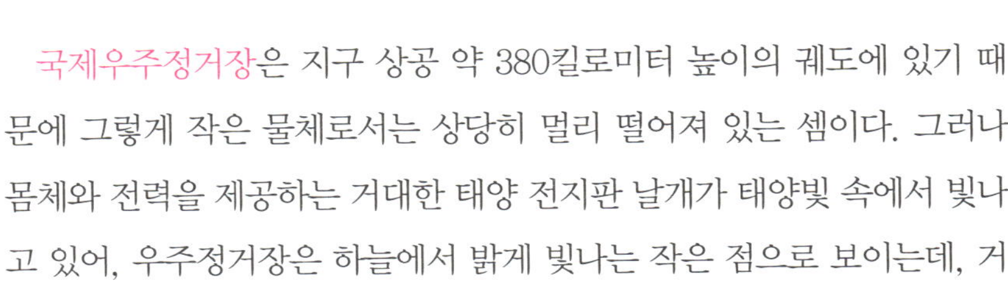

우주정거장은 우주 어디쯤에 있을까? 너무 작아서 보이지 않을까,
아니면 달이나 금성처럼 우리 눈으로 볼 수 있는 곳에 있을까?

국제우주정거장은 지구 상공 약 380킬로미터 높이의 궤도에 있기 때문에 그렇게 작은 물체로서는 상당히 멀리 떨어져 있는 셈이다. 그러나 몸체와 전력을 제공하는 거대한 태양 전지판 날개가 태양빛 속에서 빛나고 있어, 우주정거장은 하늘에서 밝게 빛나는 작은 점으로 보이는데, 거의 금성과 같은 밝기로 보인다. 또한 우주정거장은 빠르게 움직이면서 몇 분 안에 밤하늘을 가로지르기 때문에 사람들이 금방 알아볼 수 있다.

우주정거장이 시속 28,000킬로미터의 속도로 지구를 한 번 도는 데는

★ 재미있는 우주 상식!

국제우주정거장 우주왕복선만으로는 우주 개발에 한계를 느껴 지구 궤도에 만든 대형 우주 구조물이다. 사람이 머물면서 우주를 관측하고, 실험하면서 우주에 대해 연구할 수 있다.

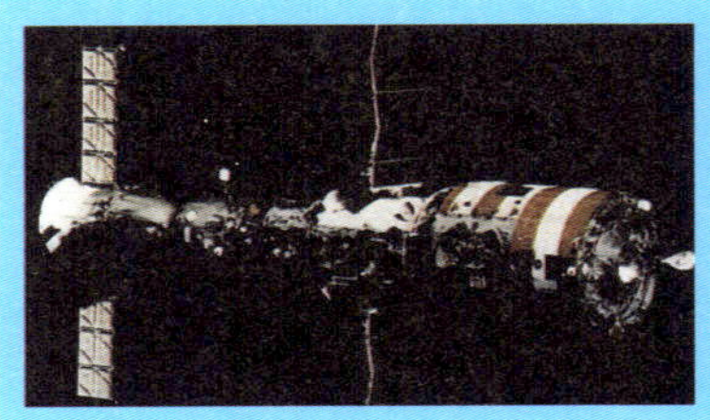

picture & tip

*최초의 우주정거장 살류트(Salyut)

약 90분밖에 걸리지 않는다. 그러나 우주정거장은 자신의 궤도에서 언제
나 각기 다른 지역들의 위를 날아가기 때문에 특정한 지역에서는 긴 간격
을 두고 나타난다.

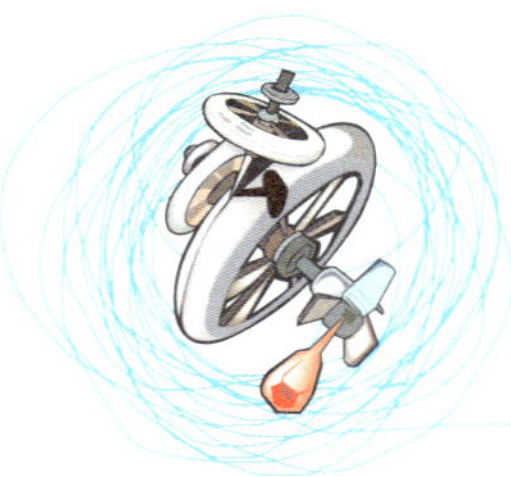

태양은 은하수의 중심에 있다?

지구는 태양을 중심으로 돈다. 우리에게 우주의 중심은 태양이다. 태양이 있어야 지구가 지구다울 수 있기 때문이다. 그렇다면 정말로 태양은 전체 은하수의 중심일까?

천문학이라는 학문은 우리 인간들에게 믿기지 않은 새로운 사실들을 알려주었다. 천문학은 지구를 우주의 중심에서 밀어냈고, 태양을 단지 은하수에 있는 수많은 별들 중 하나로 만들었다. 태양은 결코 은하수의 중심에 있지 않으며 그 가장자리 부근 어딘가 중심으로부터는 약 26,000광년 떨어진 곳에 있다. 이 얼마나 커다란 명예의 추락인가!

그러나 우리는 지구가 은하수의 심장부에 있지 않은 것도 오히려 기뻐해야 한다. 그랬다면 우리는 전혀 존재하지 않을 가능성이 대단히 높기 때문이다. 우리 은하의 밝은 중심 핵 부분은 대단히 소란스럽다. 여기서는 빠른 속도로 질량이 큰 수많은 별들이 만들어지기도 하고, 생명을 끝내는 초신성 폭발이 자주 일어나기도 한다. 이때 방출되는 엄청난 에너지를 지닌 광선이 강력한 감마선으로 은하의 중심부를 물들이고 모든 행성들에게 영향을 미친다. 은하의 중심부에는 태양 질량의 약 260만 배에 이르는 블랙홀이 있다. 이 블랙홀은 주변의 물질들을 삼키고 이때 마찬가지로 엄청난 양의 광선을 내보낸다.

그래서 우리는 흔히 시골에 사는 사람들이 도시 사람들을 보며 위안 삼아 하는 생각으로 스스로를 위로할 수 있다. 우리는 세상의 중심부에 살지는 않지만 그 대신 더 조용하고 더 건강하게 살고 있다고 말이다.

★ 재미있는 우주 상식!

감마선 전자기파의 한 종류로 주로 핵이 붕괴될 때 관측된다.

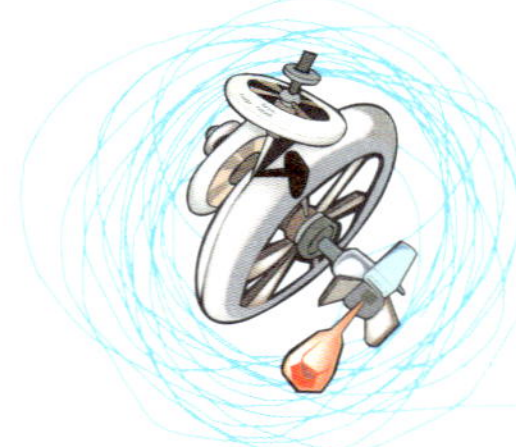

초승달이나 그믐달은 지구의 모든 지점에서 똑같이 보인다?

달은 늘 모양을 바꾼다. 보름달이 되었다가, 반달이 되었다가, 초승달이 된다.
그렇다면 세계 어느 곳에서 살든지 같은 모양의 달을 볼 수 있을까?

오른쪽이나 왼쪽으로 불룩한 낫 모양의 달은 어린 시절부터 우리에게 익숙하다. 그래서 그런 모양이 지역에 따라 다르게 보일 수 있다는 생각은 전혀 하지 못했다. 그러나 사람들이 카나리아 제도나 적도에 가까운 다른 여행지에 가면 초승달과 그믐달의 특이한 모습과 마주치게 된다. 이곳에서 보는 초승달과 그믐달은 오히려 스프 접시를 연상시키는 모양처럼 심하게 기울어져 있기 때문이다.

우리가 보는 달 모양은 하늘에서 달이 어떤 궤도를 그리는가에 달려 있다. 사람들은 하늘에서 태양, 달 그리고 행성들이 움직이는 길을 '황도'라고 부른다. 북쪽과 남쪽의 위도에서는 이런 황도가 평평하게 나타난다. 그러나 적도 부근에서는 황도가 90°까지 경사져 있다. 그리고 달은 황도를 따라 움직이는 태양으로부터 빛을 받게 된다. 그래서 황도가 경사져 있는 적도 부근에서는 태양이 아래쪽에서 달을 비추게 되어서 접시 모양이 생긴다. 그리고 황도가 평평할 때는 달이 오른쪽이나 왼쪽에서 빛을 받으므로 우리에게 익숙한 모양의 초승달과 그믐달 모양이 된다.

★ 재미있는 우주 상식!

황도 지구에서 보았을 때, 천구에서 태양이 운동하는 궤도. 이것은 적도에 대해 23°27′쯤 기울어져 있다.

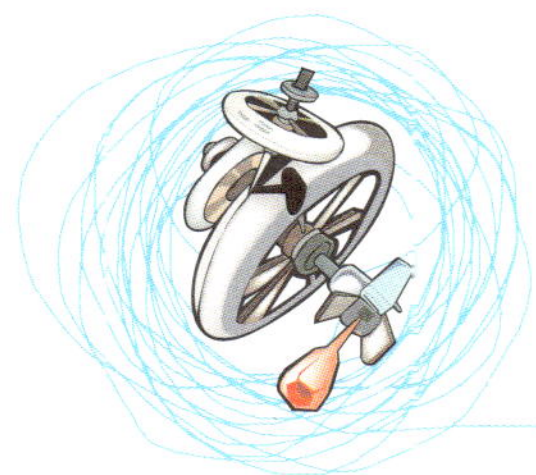

모든 행성은 단단한 표면을 가지고 있다?

행성이라고 하면 대개 울퉁불퉁하고 딱딱한 느낌을 떠올린다.
모든 행성들이 이렇게 울퉁불퉁한 모양으로 딱딱하게 되어 있을까?

우리는 당연히 모든 행성과 위성이 우주선이 착륙할 수 있을 정도의 단단한 표면을 가지고 있다고 여긴다. 더 깊숙한 지역에는 바다가 있다고 해도 말이다.

그러나 크기가 큰 목성형 행성 즉 목성이나 토성, 천왕성 그리고 해왕성은 그렇지 않다. 이들은 딱딱한 지표가 아니라 수천 킬로미터에 이르는 거대한 가스층으로 둘러싸여 있다. 우주탐사선에서 찍은 사진들은 이들의 위쪽 부분만 보여주는데, 이들 가스층은 수소, 헬륨 그리고 메탄가스로 이루어져 있으며 영하 150~200℃로 온도가 매우 낮다. 이 가스층 밑으로 내려가면 점점 더 가스의 밀도가 높아지고 압력이 증가하며 액체 상태로 변한 수소나 메탄들이 있다.

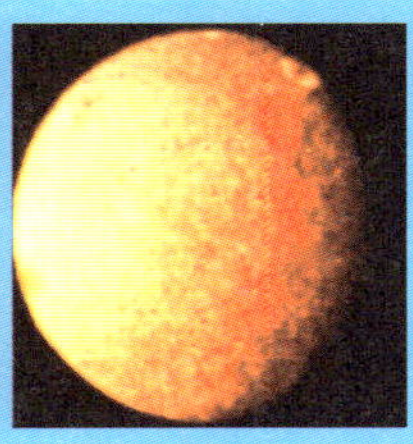

picture & tip

*목성(좌), 천왕성(우)

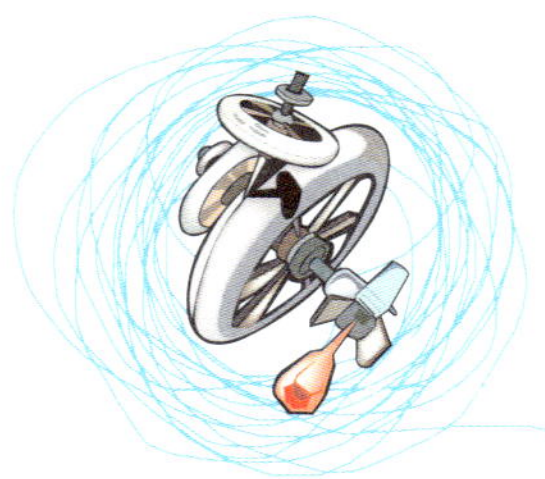

행성은 별이다?

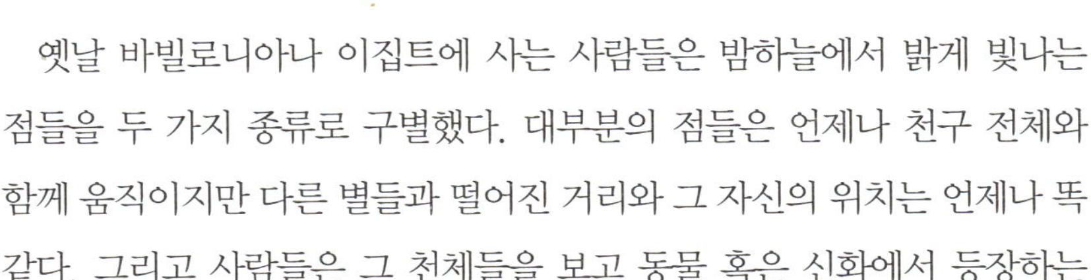

보통 사람들은 밤하늘에 떠서 반짝거리는 것은 모두 별이라고 생각한다.
북두칠성도, 오리온자리 별도. 그럼 새벽이나 초저녁에 볼 수 있는 금성은 어떨까?
샛별이란 이름이 붙었으니, 금성도 별일까?

옛날 바빌로니아나 이집트에 사는 사람들은 밤하늘에서 밝게 빛나는 점들을 두 가지 종류로 구별했다. 대부분의 점들은 언제나 천구 전체와 함께 움직이지만 다른 별들과 떨어진 거리와 그 자신의 위치는 언제나 똑같다. 그리고 사람들은 그 천체들을 보고 동물 혹은 신화에서 등장하는 형상들을 떠올릴 수 있었다. 이들을 항성이라고 한다.

한편 이들과는 다른 종류의 밝은 점들이 있었는데 행성들이었다. 행성은 대부분 더 밝고 차분한 빛을 낸다. 그리고 행성들은 항성들 사이를 돌아다닌다. 옛날 사람들의 눈에는 이 점들에 분명히 각각의 의지가 있는 것처럼 보였다. 그래서 이들을 신들과 연관시켜 생각했다. 그러나 그들은 항성이나 행성 모두를 별로 생각했다.

항성과 행성을 제대로 구분하는 방법이 밝혀지기까지는 수천 년의 시간이 걸렸다. 행성은 지구와 마찬가지로 태양의 주위를 돈다. 행성은 스스로 빛을 만들지 못하며 단지 태양의 빛을 반사할 뿐이다. 그리고 행성들은 상대적으로 우리와 가까이 있다. 이와 반대로 항성이라고 부르는 별들은 자신의 빛을 만들어 발산한다. 별들은 우리의 태양과 같은 종류의 천체다. 그리고 우리가 상상할 수 없는 정도로 멀리 떨어져 있다. 우리가 지금 보고 있는 빛 중에서 어떤 것들은 수백 년의 시간이 걸려 도착했다.

　금성은 스스로 에너지를 발산해 빛을 밝히지 못하므로 별이 아니고, 태양의 빛을 받아 빛을 내는 행성이다. 따라서 금성을 샛별이라고 부르는 것은 그 옛날 별(항성)과 행성의 차이를 정확하게 구분하지 못했던 시대의 습관을 그대로 이어받은 것일 뿐이고, 과학에서는 더 이상 사용하기 꺼려하는 이름이다.

전문 천문학자들은 망원경 앞에 앉아서 관측을 한다?

크고 멋진 천체망원경과 어두운 밤하늘을 번갈아 바라보며 뭔가 골똘히 생각하는 사람, 옛날 천문학자의 모습이다. 현대의 천문학자들은 어떤 모습일까?

'천문학자들은 밤에 일하는 사람들이다.' 사람들은 흔히 천문학자들에 대해 이런 선입견이 있다. 그리고 천문학자들은 캄캄하고 맑은 하늘 아래서 망원경의 접안렌즈에 눈을 대고 웅크리고 앉아 있고, 따뜻한 코트로 몸을 감싸고 잠깐씩 뜨거운 차를 마시며, 우주 속 깊이 밤하늘을 살피고 있을 것이라고 상상한다.

그러나 이런 낭만적인 시대는 이미 오래전에 지나갔다. 물론 예전에는 많은 천문학자들이 그런 모습으로 일을 했고 밤에는 천문대에 앉아서 성도_{천구에서 보이는 별자리를 나타낸 그림}를 만들거나 달의 크레이터를 표시하기도 했다. 그 후에 성능이 좋은 대형 망원경이 멀리 떨어진 산꼭대기에 설치되자, 천문학자들은 때때로 며칠씩 그 곳으로 가서 관측 작업을 했다.

그러나 오늘날에는 부분적으로만 그런 모습을 볼 수 있다. 빛에 매우 예민하게 반응하는 전자칩(CCD)이 들어 있는 전자 카메라의 도입으로 천문학에서는 새로운 가능성이 열렸다. 이제 관측 작업은 고정된 관측팀들이 정해진 장소에서 담당하고 바로 그 자료를 전송할 수 있으며 또한 지구 궤도에 있는 우주 망원경인 허블망원경을 원격 조정할 수도 있다. 이때 천체망원경들이 촬영하여 전송한 사진들은 전문 천문학자들이 분석한다.

그러그로 오늘날에는 천문학자도 다른 분야의 학자들과 똑같은 시간대에 일을 할 수 있다. 그리고 대부분의 시간을 망원경 앞에서 보내는 것이 아니라 책상, 도서관, 강당, 컴퓨터 앞에서 보내게 된다.

누가 뭐라고 해도 컴퓨터는 오늘날 대부분의 천문학 분야에서 망원경보다 훨씬 더 자주 쓰는 장비가 되었다. 많은 천문학자들이 별 대신에 컴퓨터의 모니터를 바라보고 연구를 하며, 직접 관찰을 하는 대신 자료들을 분석하고 계산한다. 예를 들어, 태양 내부의 상태는 최상의 망원경 앞에서도 여전히 숨겨져 있다. 그러나 사람들이 컴퓨터 시뮬레이션비슷한 환경과 조

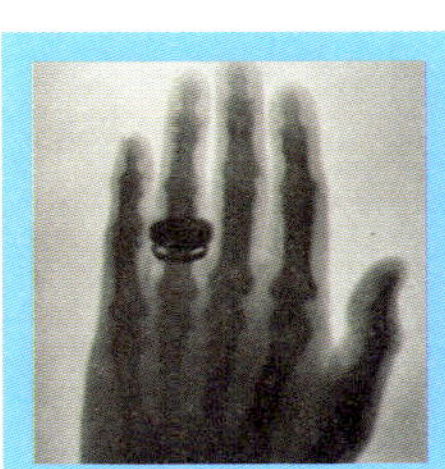

*뢴트겐이 찍은 최초의 뢴트겐선

*뢴트겐선 : 흔히 X-선이라 불리는 뢴트겐선은 빛과 같은 전자기파의 일종이다. 빛 투과력이 커서 인체 사진을 찍을 수 있다. 발견자의 이름을 따서 뢴트겐선이라고 한다.

을 이용하면 그 안의 상황을 연구할 수 있다. 이런 작업을 위해서는 태양 내부의 높은 압력과 온도를 설명하는 뛰어난 과학 지식과 함께 최고의 계산 전문가들이 필요하다. 그 다음에 시뮬레이션의 결과는 관측 결과와 비교된다. 그리고 주어진 수치는 태양 내부에 있는 다양한 부분의 압력과 온도를 맞추기 위해 적용된다.

한편 일반적인 망원경이 필요없는 천문학 분야도 있다. 이 분야는 우주에서 우리에게 달려오는 눈에 보이는 빛(가시광선)을 연구하는 것이 아니라 다른 영역의 빛, 예를 들면 자외선과 적외선, X-선(뢴트겐선) 그리고 감마선 등을 연구한다. 이를 위해 필요한 '망원경'은 전파망원경이라 하고, 영화 콘택트(Contact)에서 볼 수 있는 것처럼 수십 개의 전파망원경이 하나의 거대한 전파망원경처럼 작동하여 아주 먼 곳에서 오는 전파를 잡아 그 전파를 보낸 천체들을 연구하게 해준다.

그러나 이러한 연구 방식은 안타깝게도 여러 가지 부작용을 일으키고 있다. 즉 별을 연구하는 전문 천문학자들의 별자리에 대한 지식이 오히려 아마추어 천문학자들을 따라가지 못할 수도 있기 때문이다. 전문 천문학자들은 별을 보기보다는 별을 관측한 자료만 봐도 연구가 가능하기 때문이다.

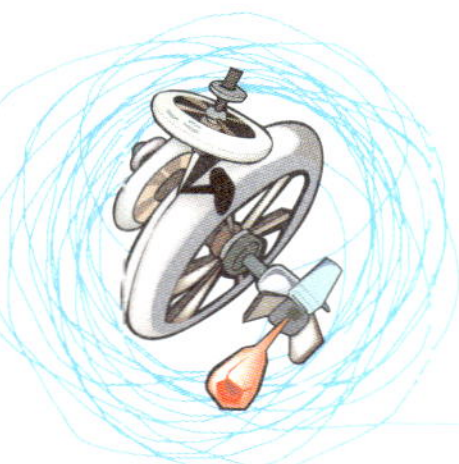

달은 특히 지구의 중력을 강하게 느낀다?

지구의 위성인 달은 당연히 지구와 많은 영향을 주고받을 것이다.
그런데 이 달은 태양의 영향도 받는다고 한다.
그렇다면 지구와 태양, 어느 것이 달에게 더 강하게 작용할까?

대부분 지구가 달에 더 큰 영향을 주고 있을 것이라 생각할 것이다. 당연하다. 어차피 달은 지구의 주위를 돌고 있으니까. 그러나 훌륭한 과학자라면 그럴 듯하게 들리거나 혹은 당연하게 보이는 일에 대해서도 의심을 해 보고 필요한 경우에는 실험을 하거나 좀 더 깊이 탐구를 해 보는 것이 좋다는 것을 알고 있다.

뉴턴의 만유인력의 법칙에 따르면, 지구와 달 사이에서, 그리고 태양과 달 사이에서 작용하는 힘은 쉽게 계산할 수 있다. 그렇다면 잘 생각해보자. 태양은 지구가 달을 끌어당기는 힘보다 약 두 배의 세기로 달을 끌어당긴다. 때문에 우리는 사실 이렇게 말해야 한다. 달은 태양의 주위를 돌고 있다고 말이다. 단지 달은 이때 더 약하기는 하지만 지구 중력의 영향도 받기 때문에 태양의 주변에서 매끄러운 궤도를 그리지 못하고 지구 주

picture & tip

*뉴턴(1642~1727) : 영국의 물리학자로 근대 과학을 이끌었다. '만유인력의 법칙'을 통해 천문학을 설명하고, 미적분을 완성해서 수학의 기초를 세웠다. 또한 세 가지 운동 법칙을 통해 세상이 움직이는 원리를 설명했다.

위에 구불구불한 원을 그리며 공전하게 되는 것이다.

따라서 어떤 의미에서는 우리의 달은 지구의 위성이 아닐 수도 있다. 오히려 지구와 달을 이중 행성계로 표현하는 것이 더 맞을지도 모를 일이다.

만유인력의 법칙 '모든 물체는 서로 끌어당기는 힘이 있다.' 라는 법칙으로 우주의 천체 운동을 설명하는 중요한 힘의 원리다. 사과가 떨어지는 것도 지구와 사과 사이에 작용하는 만유인력 때문이라고 설명한다.

일식 현상은 드물게 일어나는 사건이다?

개기 일식은 매우 매력적인 천체 현상이다. 그래서 이 광경을 보려고 지구 반대편에 사는 수많은 사람들이 몇 달 전부터 개기일식이 일어나는 곳을 가기 위해 비행기표를 예약한다. 달이 만드는 어두운 원이 완전히 태양의 앞을 가리고 사람들이 태양의 홍염에서 나타나는 빨간 불꽃과 코로나의 밝은 빛을 보게 되면 어둠과 차가움이 지구 위에 내리고 마치 자연은 몇 분 동안 숨을 멈춘 듯이 보인다. 이에 비해 월식은 그런 다양한 느낌을 주기보다 흥미로운 볼거리다. 지구의 그림자와 겹쳐진 달이 한번쯤 창백하고 구릿빛의 붉은 희미함 속에서 빛나는 것을 보는 것은 그저 즐겁다. 그런데 월식의 장면을 목격한 사람들은 많이 있지만 개기일식을 목격한 사람들은 별로 많지 않다. 특히 1999년의 일식 때는 유럽 대부분 지역에서 비가 내렸다. 그래서 사람들은 일식이 대단히 드물게 일어나는 현상이라고 생각하기 쉽다. 그러나 그것은 사실이 아니다. 일식 현상은 1년에 다섯 번까지 일어날 수 있다. 물론 그런 일식들이 완전한 개기일식이 아닐 수도 있다. 혹은 달이 마침 지구로부터 멀리 떨어져 있어서 태양을 완전히 가리지 못하기 때문에 고리 형태의 밝은 테두리가 남아 있기도 하다. 또는 태양의 일부분이 많이 보일 수도 있다. 그것은 지구에서 볼 때 달이 태양을 부분적으로만 가리고 있기 때문이다. 이것을 부분일식이라고 한다.

이에 반해서 월식은 1년에 단 두 번 일어난다. 그러나 월식은 지구에서

홍염 태양 표면에서 일어나는 태양 활동의 하나로 불꽃 모양의 가스를 말한다. 주위에 비해 차갑고 밀도가 높은 기체 덩어리가 표면으로 떠올랐다가 떨어져 나간다.

일식 달이 태양과 지구 사이에 끼어, 달이 태양을 가리는 현상. 태양을 모두 가리는 개기일식과 부분만 가리는 부분일식이 있다.

코로나 개기일식 때 태양 바깥쪽에서 빛나는 흰색 테두리 부분을 말한다. 모양은 일정하지 않으며, 바깥쪽으로 갈수록 빛이 약하다. 온도는 매우 높고, 수소로 된 희박한 기체이다.

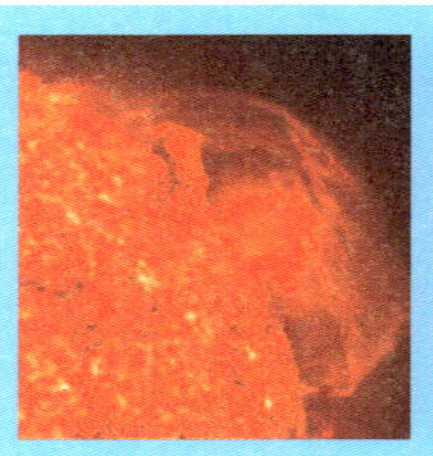

picture & tip
*홍염(좌)
*일식(중)
*코로나(우)

밤이 되는 전 지역에서 관찰할 수 있다. 지구의 큰 그림자가 작은 달을 완전히 가릴 수 있기 때문이다.

그런데 일식의 경우, 달이 지구 위에 만드는 그림자는 훨씬 더 작다. 그러므로 달에 가려서 어두워진 태양을 볼 수 있는 사람은 마침 지구 표면 위로 지나가는 달 그림자의 궤도 안에 있는 사람들뿐이다.

지구상의 모든 장소에서는 평균적으로 몇 백 년에 한 번 정도씩만 일식 현상을 볼 수 있다. 이런 점에서 달에 사는 사람들은 확실히 이점이 있다. 그들은 월식 때마다 달이 지구를 향한 면 전체에서 일식을 관찰할 수 있을 것이기 때문이다. 그 이유는 이미 말했듯이 커다란 지구의 그림자가 달을 완전히 덮기 때문이다.

밤하늘에서 가장 밝은 것은 '달'이다. 물론 스스로 빛을 내는 별과는 달리
태양에서 받은 빛을 반사해서 빛을 내는 것이지만 우리 눈에는 가장 밝게 빛난다.
그렇다면 실제로 달은 다른 천체들보다 밝은 것일까?

캄캄한 밤하늘에서 밝고 화려하게 빛나고 있는 달을 보고, 사람들은 달이 매우 밝다고 생각할 수 있을 것이다. 그러나 우리의 눈은 밝기를 객관적으로 평가하기에는 별로 적당하지 않은 기관이며 쉽게 속임수에 넘어간다. 실제로 달의 '알베도 달이나 행성이 반사하는 빛의 비율', 즉 반사율은 약 0.07 정도이다. 이것은 달이 도달하는 빛의 단 7%만을 반사한다는 뜻으로, 먼지 쌓인 아스팔트 도로보다도 반사하는 양이 많지 않다. 이에 비해 금성은 76%를 반사한다. 그러므로 금성이 그렇게 밝게 빛나는 것은 놀랄 일이 아니다.

한편 지구는 언제나 약 39%의 알베도를 지니고 있는데, 이것은 지구의 백색 구름 덕분이다. 그리고 낫 모양의 달을 쟁반 같은 보름달로 채워주는 잿빛 회색의 달빛(초승달일 때 달을 자세히 보면 나머지 부분이 희미하게 보인다.)은 지구가 반사한 태양 빛 때문이다. 독일의 과학자 알렉산더 폰 훔볼트가 자신의 『우주』라는 책에서 표현한 것처럼 '반영의 반영(반사한 빛을 다시 반다한다는 뜻)'인 셈이다.

지구에 있는 우리가 작은 낫 모양의 달을 볼 때도 달에 있는 관찰자는 거의 완전한 형태의 지구를 볼 수 있다. 지구는 보름달보다 약 백 배 더 밝기 때문이다. 이것은 지구의 반사율이 달보다 훨씬 더 높기 때문이며, 지구의 지름이 4배 더 커서 결국 빛을 내는 면이 16배 더 크기 때문이기도 하다.

행성은 언제나 위성보다 크다?

우리 태양계를 이루는 아홉 개의 행성들은 크기가 다양하다. 가장 작은 명왕성은 지름이 단지 2,300킬로미터에 불과하지만 거대한 목성은 지름이 140,000킬로미터에 이른다. 위성의 경우도 이와 비슷하게 크기가 다양하다. 물론 모든 행성은 자신의 위성보다는 크다. 그러나 큰 행성들의 큰 위성들은 몇몇 작은 행성들보다 지름이 훨씬 크다.

태양계의 가장 큰 17개의 천체들을 크기에 따라 열거해보면 우선 태양

★ 재미있는 우주 상식!

목성(좌) 태양계의 다섯 번째 행성이면서, 가장 큰 행성이다. 목성의 지름은 지구의 11배나 된다. 자전 속도는 다른 행성에 비해 빨라서 약 10시간이며, 공전 속도는 약 12년으로 다른 행성에 비해 길다. 태양과 멀리 떨어져 있기 때문에 온도는 매우 낮다. 토성처럼 고리를 갖고 있다.

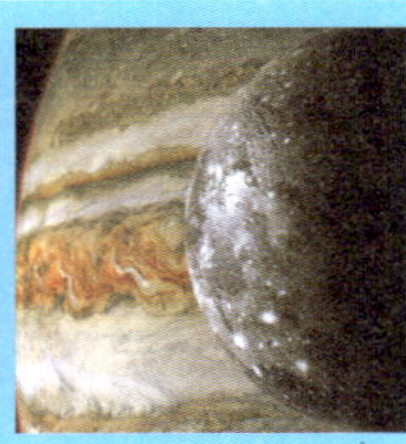

picture & tip
*수성과 명왕성보다 큰 목성의 위성 가니메데 (우)

은 거의 140만 킬로미터의 지름을 가진 별로 당당하게 그 첫 번째 자리에 서게 된다. 그 다음 2위부터 5위까지는 거대한 가스 행성들인 목성, 토성, 천왕성, 해왕성이 차지한다. 그리고 6위는 지구에게 돌아가고 그 다음을 금성고 화성이 잇는다.

그러나 9위가 되면 행성 대신에 목성의 위성으로 5,260킬로미터의 지름을 가진 가니메데가 등장하고 이것의 뒤를 근사한 차이로 토성의 위성인 타이탄이 5,150킬로미터의 지름으로 뒤따른다. 11위가 되면 비로소 다시 행성인 수성이 등장한다. 그 이후의 순위에는 목성의 위성들인 칼리스토와 이오가 있고, 그 뒤로 달과 목성의 위성인 에우로파가 뒤따른다. 그리고 명왕성보다 앞서 해왕성의 위성인 트리톤이 더 높은 순위를 차지한다.

태양과 달의 크기는 비슷하다?

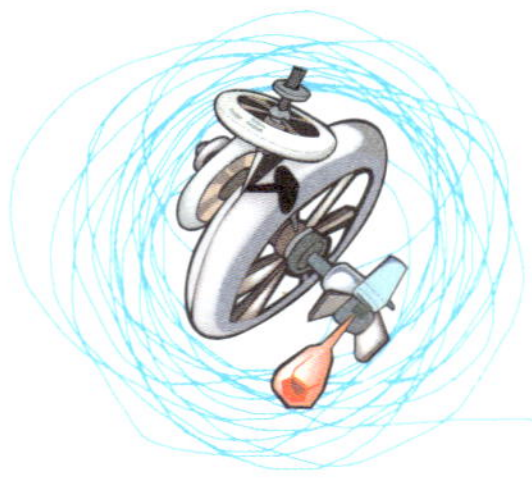

낮에 보이는 태양과 밤에 보이는 달은 크기가 비슷해 보인다.
워낙 멀리 있다 보니, 크기를 짐작하기는 힘들지만 별 차이가 없어 보인다.
실제로도 둘의 크기는 비슷할까?

실제로 태양과 달의 크기는 하늘에서 거의 같은 것처럼 보인다. 그러나 이런 비슷한 모습은 순수한 우연일 뿐이다. 사실은 태양이 달보다 약 400배 더 크다. 또한 태양은 달보다 약 400배 더 멀리 떨어져 있다.

태양계에 있는 다른 위성들과 비교해서 우리의 달은 대단히 큰 편이다. 달은 위성 중에서 5위의 자리를 차지하고 있으니까 말이다. 그럼에도 불구하고 달은 지구보다 훨씬 작다. 우리가 달을 지구의 표면 위에 놓는다면 북극에서 시베리아까지밖에 차지하지 않을 것이다. 그리고 달의 표면은 대략 아프리카와 유럽을 합한 정도이다.

태양의 경우는 전혀 다르다. 태양의 지름에 도달하기 위해서는 109개의 지구 구형을 옆으로 나란히 놓아야 한다. 태양의 부피는 심지어 1,300,000개의 지구가 차지하는 공간과 같다.

그리고 우리가 태양을 거대한 저울 위에 올려놓을 수 있다면 330,000개
의 지구가 있어야 저울의 균형을 잡을 수 있을 것이다.

이처럼 여러 측면에서 태양은 행성계의 독보적인 존재이다. 태양 하나
의 질량이 거대 행성인 목성과 토성을 포함해서 모든 행성들을 합한 질량
의 약 1,000배가 된다.

이러한 큰 차이에도 불구하고, 우리 눈에는 태양과 달의 크기가 비슷하
게 보여, 달이 태양을 완전히 가리는 일식 현상을 잘 볼 수 있다.

밝게 빛나는 태양에도 보기 싫은 점이 있다. 사람의 점처럼 태양의 점인 흑점도
어두운 색이다. 그렇다면 어둡게 보이는 흑점은 뜨겁지 않을까?

물론 태양의 흑점은 태양의 다른 표면보다 어둡다고 할 수 있다. 그러나 태양 흑점의 어두운 부분은 그 크기가 흔히 지구보다 더 크며 눈이 부실 만큼 밝게 빛난다. 그리고 태양의 흑점이 태양 표면의 다른 부분보다는 약 2,000℃ 정도 온도가 낮지만, 그래도 여전히 4,000℃를 유지한다. 단지 태양의 흑점은 약 80% 정도 더 적은 빛을 발산하기 때문에 상대적으로 어둡게 보이는 것이다.

처음에 사람들은 태양에 흑점이 있다는 사실을 전혀 받아들이려고 하지 않았다. 그 어두운 종양 모양의 반점은 우아하고 깨끗한 태양신에 대한 이미지에도 맞지 않았고, 태양이 하늘의 중심이라는 생각과도 어울리지 않았기 때문이다. 만약 사람들이 거기서 어떤 것을 보았다면 그것은 기껏해야 태양과 지구 사이에 있는 어떤 것이라고 여겼다.

예수회 신부였던 크리스티안 샤이너가 비로소 1610년경에 태양 흑점의 존재를 인정했다. 그는 초기 망원경으로 태양의 모습을 종이 위에 옮기는 일을 하면서 실제로 이런 흑점들이 태양과 연관되어 있다는 것을 확인했다. 이 흑점들이 천천히 태양의 원반 위에서 움직였기 때문이다. 또한 갈릴레오 갈릴레이를 비롯해서 다른 관찰자들도 같은 결론에 도달하게 되었고 조금씩 태양 면에 있는 흑점들에 대한 인식이 확대되었다. 서양의 이런 폐쇄적 사고에 대한 부담이 없는 중국인들은 이미 2,000년 전에 태양의 흑점을 발견했다.

오늘날에도 태양의 흑점은 여전히 신비한 모습을 보여준다. 우리는 아직도 이와 연관된 모든 현상들을 다 설명할 수는 없다. 그러나 그 원인은 알고 있다. 바로 전기적으로 활동성이 강한 물질들에서 나타나는 거대한 자기장의 영향 때문이다. 이런 자기장이 여러 곳에서 태양의 표면을 뚫고 나와서 태양의 내부에서 나오는 뜨거운 가스가 상승되는 것을 막는다. 바로 거기에 태양의 흑점이 형성된다.

흑점 태양 겉면에 보이는 검은 반점으로 주기적으로 나타난다. 이것은 태양의 표면에 생기는 가스 소용돌이라 할 수 있다. 이를 통해 태양의 활동이 활발하다는 것을 알 수 있다.

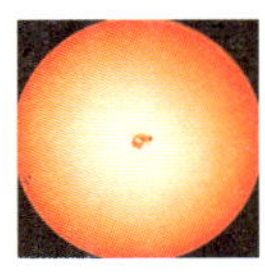

picture & tip

*갈릴레오 갈릴레이(1564~1642) : 이탈리아의 물리학자이며 천문학자이다. 진자의 등시성을 발견했고, 최초로 천체망원경을 발명해 태양의 흑점, 금성의 위상 변화 등을 알아냈다. 또한 코페르니쿠스의 지동설을 뒷받침하기 위해 천문학을 연구하며, 더욱 발전시켰다.

한 별자리에 있는 별들은 같은 소속이다?

큰곰자리, 오리온자리, 전갈자리 등은 밤하늘에서 볼 수 있는 친숙한 별자리다.
별자리들은 신화와 관련된 내용으로 신비감을 더한다.
별자리 안에 있는 별들끼리는 실제로도 친한 사이일까?

수천 년 전에, 그러니까 밤이 정말로 깜깜했던 시절에, 사람들은 혼란하게 엉켜 있는 밤하늘의 많은 별들을 제대로 파악할 수 있는 방법을 찾으려고 했다. 그들은 함께 모여 있는 별들을 때로는 한 마리의 동물, 혹은 친숙한 이미지를 연상할 수 있는 그림으로 연결시켰다. 처음에는 이런 별자리들이 무엇보다도 특정한 별들의 위치를 재확인하는데 이용되었으나 시간이 흐르면서 신화적인 내용이 첨가되었다. 수세기 동안 별자리들은 태양이나 달처럼 실제로 존재하는 자연 현상으로 간주되었다.

그러나 실제로는 그런 현상은 전혀 존재하지 않는다. 별들은 과거에 사람들이 믿었던 것처럼 빛을 발하는 광원으로서 검은 벨벳에 붙어 있는 것이 아니기 때문이다. 별은 빛을 내는 천체로 우주에 자유롭게 떠 있으며, 그것도 아주 다양한 거리를 두고 떠 있다. 예를 들어서 겨울철의

별자리인 오리온자리의 밝은 별들은 우리로부터 240광년에서 1,400광년까지의 거리를 두고 있다. 그 각각의 별들을 실제로 서로 연결시켜주는 것은 아무것도 없다. 그리스인들이 그 모습에서 '하늘의 사냥꾼'인 오리온을 연상하는 모습은 단지 우주 안의 우리 위치에서만 알아볼 수 있는 것이다.

말하자면 북극성과 같은 다른 별에서 관찰한다면, 물론 똑같은 별을 볼 수는 있겠지만, 아마도 전혀 다른 구도나 배열 상태를 보게 될 것이다.

우주는 별로 가득 차 있다?

시골 밤하늘에서는 촘촘히 박혀 있는 별들을 볼 수 있다. 공해로 오염된 도시의 하늘에서는 많은 별들을 볼 수 없지만, 사실 밤하늘에는 헤아릴 수없이 많은 별들이 있는 것이다. 실제로 우주에는 별이 얼마나 있을까?

우주에 있는 별의 개수는 가히 천문학적이다. 태양계가 속해 있는 우리 은하만 해도 1,000억에서 2,000억 개의 별들이 있다고 한다. 우리가 만약 '울트라 슈퍼 망원경'을 통해서 이 모든 별들을 하나씩 들여다보는 데 1초씩을 사용한다면 6,000년 이상이 걸린다. 게다가 수많은 보이지 않은 천체들, 예를 들어 항성에 딸린 행성, 위성, 혜성 등과 그 외의 다른 작은 암석 덩어리들과 가스 구름, 먼지 구름 등도 있다.

그리고 우리 은하 밖에 있는 외부 은하들도 생각해야 한다. 어떤 은하에는 백 배 이상의 별들이 더 있다. 망원경의 성능이 더 좋아질수록, 그래서 더 멀리 보게 될수록 은하들의 개수는 점점 더 증가한다. 천문학자들은 약 5,000억 개 이상의 은하가 있을 것으로 추정한다.

그러나 이런 사실에도 불구하고 우주는 근본적으로 텅텅 비어 있다고 말할 수도 있다. 우주는 지구상의 그 어떤 학자도 모방할 수 없는 양질의 진공 상태를 만들었다. 물론 행성들 사이의 공간은 1제곱미터의 면적당 천만 개 이상의 입자들이 있어서 상대적으로 물질들에 의해 촘촘히 채워져 있다. 태양도 끊임없이 엄청난 양의 입자들을 행성들 사이의 공간으로 날려 보내고 있다. 게다가 과거에 태양계를 구성했던 먼지 구름의 잔재들까지 남아 있다. 그렇다고 해도 지구상에 존재하는 최고의 진공 상태(1제곱미터당 25조개의 입자들이 있음)와 비교하면 아직도 대단히 비어 있는 공간이다.

한편 별과 별 사이에 있는 입자들의 숫자는 훨씬 더 적다. 이런 공간에는 평균적으로 1제곱미터당 백만 개도 안 되는 원자들이 있다. 그럼에도 불구하고 별들 사이에 있는 구름은 새로운 태양계의 요람이 될 수 있고 그 안에 들어 있는 먼지가 은하 질량의 약 10%를 차지한다. 그러나 이보다 더 물질들이 희박한 곳은 은하들 사이의 공간, 곧 은하와 은하 사이의 끝없이 넓은 영역이다. 여기에서는 서로의 거리가 대단히 멀어서 평균적으로 한 은하 무리 안에 있는 두 은하 사이의 거리는 백만 광년 이상이 된다. 그리고 덩치가 큰 은하들의 경우에는 서로의 거리가 수억 광년에 이르기도 한다. 이런 곳에는 하나의 원자도 발견하기가 힘들 만큼 황폐한 공간이 펼쳐져 있다.

우리는 이런 모든 수치들을 이용해서 우주의 평균 밀도를 측정할 수 있다. 그러면 100만 제곱미터당 원자 하나가 있다는 결론이 나온다. 그렇게 보면 우주는 정말로 텅 비어 있다고 말할 수 있다.

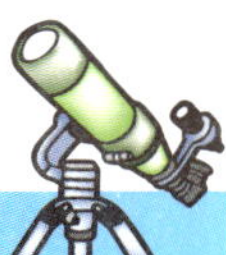

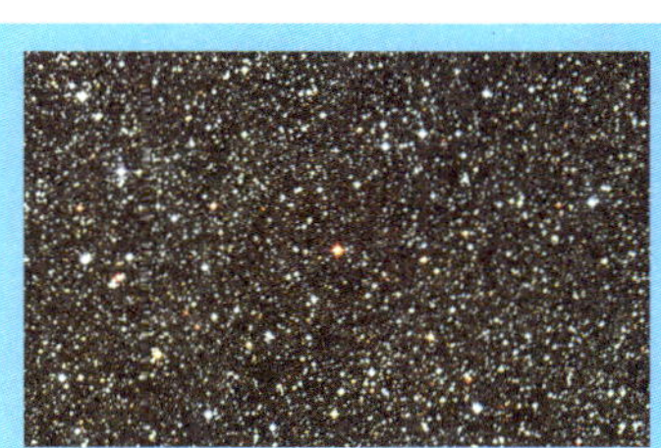
picture & tip
* 별로 가득 찬 우주

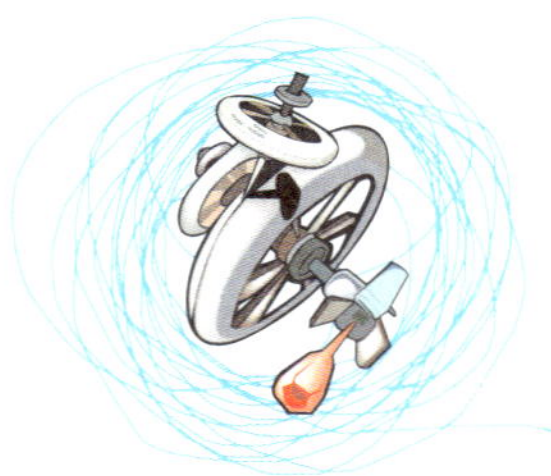

낮에는 하늘에 별이 없다?

낮에는 태양만 밝게 빛날 뿐 밤하늘에서 보았던 달과 별은 보이지 않는다.
밤에 빛나던 달과 별들은 숨어 버린 것일까,
태양이 너무 밝아 보이지 않는 것일까?

물론 낮에도 별은 있다. 단지 태양이 더 강한 빛으로 별의 빛을 잃게 만들기 때문에 우리가 볼 수 없을 뿐이다. 그러나 달에서는 태양 옆에 있는 별들이 잘 보인다. 달에는 대기권이 없어 하늘이 새카맣게 보이기 때문이다.

대기에 있는 공기 분자들은 태양 빛을 산란시킨다. 이 분자들은 태양의 빛을 모았다가 모든 방향으로 골고루 다시 산란시킨다. 그렇게 해서 태양 빛이 온 하늘에 퍼지게 된다. 이런 작용은 우리에게 대단히 좋은 일이다. 그 덕분에 지구의 낮은 너무 밝지도 어둡지도 않다. 그러나 공기 분자들에 의해 산란된 빛은 일반적인 별들의 약한 빛을 잃게 만든다. 그래서 달조차도 낮에는 희미하게 보인다. 아침이나 새벽녘 혹은 노을이 질 무렵, 햇빛이 그렇게 강하지 않을 때는 밝게 빛나는 별을 알

아볼 수 있다.

　벽난로의 굴뚝을 통해서 하늘을 보면 낮에도 별을 볼 수 있다는 옛날이야기가 있는데, 이는 단지 동화일 뿐이다. 굴뚝으로 본 하늘도 역시 파란색으로 환하게 빛나고 있으며, 그렇게 좁은 시야에서 밝은 별을 볼 확률은 매우 낮기 때문이다.

하늘에서는 아무런 일도 일어나지 않는다?

사람들의 바쁜 생활과 달리 하늘은 늘 평온하다.
별이 뜨고 지고, 달이 커지고 작아지는 것 외에 다른 변화가 없다.
우리가 눈으로 보는 것처럼, 하늘은 늘 이렇게 조용하고 고요할까?

모든 사람들이 태양이나 달, 그리고 별에 대해 관심을 가질 필요는 없다. 비록 우리가 천문학 분야에서 수세기 전보다 훨씬 더 많은 흥미로운 사실들이 발견되고 있는 시대에 살고 있지만 말이다. 그러나 이 책을 보는 여러분만큼은 하늘에 대해 관심을 가지고 있음이 틀림없다. 그 외에도 직접 하늘의 기적을 관찰하기 위해서 천문학 책들과 값비싼 망원경들을 구입하는 사람들도 같은 관심사를 가지고 있다.

그런데 사람들은 수백 년 동안 하늘의 움직임이 신적인 질서의 모방이며 영원히 고정된 것이라고 믿어왔다. 태양과 달의 운동, 행성들의 움직임이 모두 그렇다고 여겼다. 이런 질서에 들어맞지 않는 어떤 현상이 나타나면 즉시 그것을 신의 뜻으로 보았고 다가오는 재앙의 표시로 해석했다.

20세기 후반에 이르기까지 천문학자들조차 우주를 조용하고 안정된 것이라고 여겼다. 그러나 오늘날에는 정밀한 광학망원경과 전파망원경, 그리고 X선, 감마선, 혹은 다른 광선들에 예민하게 반응하는 센서들을 이용한 새로운 관측이 매일 이뤄진다. 그 결과 우주가 폭발하고 있는 별, 블랙홀, 소용돌이치는 가스, 충돌하는 은하 등으로 가득 찬 역동적인 곳이라는 사실을 알게 되었다.

그리고 오늘날에는 취미로 하늘을 관측하는 아마추어 천문학자들도 발달된 관측 장비를 통해 예전에는 전혀 생각지 못했던 하늘의 변화를 관찰할 수 있다. 태양 흑점의 생성과 소멸, 소행성들의 접근, 화려한 꼬리를 가진 혜성 등을 예전의 전문 천문학자들보다 더 잘 관측할 수 있는 여건이 되었기 때문이다.

★ 자미있는 우주 상식!

광학망원경 우리의 눈으로 볼 수 있는 전자기파인 가시광선을 이용해서 보는 망원경이다. 굴절망원경 반사망원경이 이에 속하며, 우주에 띄워 관측하는 것으로는 허블망원경이 있다.
전파망원경 우리 눈에 보이지 않는 우주에서 오는 전파를 모아서 분석해내는 망원경이다. 이를 통해 우주의 여러 현상을 연구할 수 있다.

picture & tip

*광학망원경(좌)
*전파망원경(우)

금성은 아름답다?

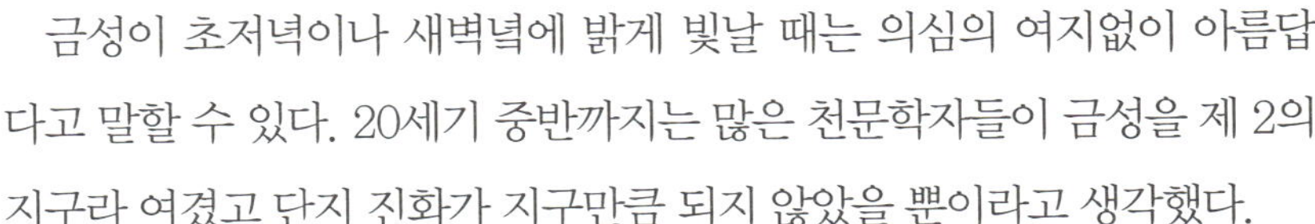

새벽녘이나 초저녁 하늘에서 만날 수 있는 금성은 미의 여신 비너스라 불릴 정도로
아름다운 행성이다. 실제로도 금성은 지구만큼 아름다울까?

금성이 초저녁이나 새벽녘에 밝게 빛날 때는 의심의 여지없이 아름답
다고 말할 수 있다. 20세기 중반까지는 많은 천문학자들이 금성을 제 2의
지구라 여겼고 단지 진화가 지구만큼 되지 않았을 뿐이라고 생각했다.

이 두 행성은 실제로 비슷해 보인다. 우선 그 크기가 비슷하고, 처음 금
성을 측정했을 때는 지구와 비슷한 기온을 나타냈다. 그래서 금성을 원시
적인 생명체가 있는 질척하고 따뜻한 세계, 마치 석기시대의 지구와 비교
할 수 있는 곳으로 여겼다. 하지만 가장 큰 망원경을 통해서도 관련된 증
거를 찾아낼 수 없었다. 금성은 언제나 불투명한 구
름들로 씌어져
있었기 때문
이다.

금성으로
파견한 우주
탐사선의 탐
사 결과는 그
동안의 낭만

적인 상상을 완전히 무너뜨렸다. 탐사선의 탐사 활동에 의하면 그 곳의 대기는 대부분 이산화탄소로 이루어져 있다. 이 가스가 금성의 표면 위에 무겁게 얹혀 있다. 그곳의 압력은 지구 표면의 90배에 이를 정도로 높고, 이것은 또한 바다 깊이 1킬로미터에서의 압력과 같다. 더 불쾌한 것은 금성 상공에 있는 구름은 독기가 있는 자극적인 황산 구름이라는 점이다. 이것은 활동 중인 화산이 있음을 암시했다. 그리고 끝으로 금성은 거의 500℃에 이르는 불지옥으로 밝혀졌다. 그 원인은 두터운 가스층 때문에 일어나는 지속적인 온실효과 때문이다. 과거에 지구에서 측정했던 기온은 단지 높이 떠 있는 구름의 기온일 뿐이었다.

온실효과 수증기, 이산화탄소, 메탄 등이 대기 속에서 온실의 유리처럼 작용해 지구나 행성 표면의 온도를 높이는 현상을 말한다. 이러한 온실 기체에 의해 기온이 지나치게 올라가면 이상 기후가 나타나 자연과 인간에게 나쁜 영향을 끼친다.

보름달은 수평선에서 특히 크다?

보름달이 떠오를 때, 수평선에서 덩그런 쟁반 모양의 달이 온 바다를
달빛으로 물들이며 떠오른다. 그러나 자정쯤 달을 보면 하늘 높은 곳으로 올라가
아주 작은 크기로 떠 있다. 달의 크기가 점점 작아지는 것일까?

더운 여름날 저녁, 하늘의 푸른빛이 천천히 짙은 보랏빛으로 변해가는
동안 거대하고 붉은 보름달이 수평선 위로 떠오른다. 그런 후에 한밤중에
다시 한번 바라보면 달은 하늘의 높은 곳에 올라가 있다. 훨씬 더 작고 더
푸르스름한 공 모양으로 말이다. 2,000년이 넘도록 천문학자들은 이런
현상에 대해 궁금해 했다. 어째서 달이 하늘의 위쪽으로 올라가면서 그
크기가 변하는 것일까?

정말로 달의 크기가 변하는 것일까? 여러분이 직접 100원짜리 동전 하
나를 가지고 팔을 쭉 뻗어서 보름달을 앞에 대어보라. 첫 번째 놀라운 일
은 그 작은 동전으로도 그렇게 거대하게 보이는 보름달을 가리기에 충분
하다는 사실이다. 두 번째로 놀라운 일은 동전의 크기와 비교해보면 수평
선에 있는 보름달이나 천정 위에 높이 떠 있는 보름달이나 크기가 똑같다
는 사실이다.

이러한 '달의 속임수' 는 천문학적인 현상이 아니라 심리학적인 현상이
다. 이런 상황을 어떤 심리학자도 정확하게 설명을 할 수는 없다. 수평선
근처에서는 나무들과 집들이 달의 비교 대상이 된다는 점에 그 원인이 있
지 않을까 생각할 수 있다. 그러나 우리가 머리를 거꾸로 해서 두 다리 사

이를 통해 올려다보면 이런 시각적 착각은 사라지고 만다.

우리의 뇌가 이런 시각적 착각을 일으킬 수 있다. 이와 달리 카메라는 이런 속임수에 넘어가지 않는다. 태양이나 달을 촬영하면 아주 작게 나타난다. 수평선 근처에 있든지, 하늘 높이 있든지 위치에 상관없이 똑같은 크기로 나타나는 것이다.

이제 여러분은 달의 크기가 다르게 보이는 것이 단지 시각적인 착각이라는 것을 알게 되었지만, 다음에 달을 관찰할 때도 여전히 수평선 위의 달은 아주 크게 보일 것이다. 내기를 해도 좋다!

모든 별들은 하얗다?

날씨가 맑은 날 밤에 하늘을 보면, 작은 하얀 점들이 가득 차 있는 것처럼 보인다. 그러나 눈이 어둠에 익숙해지고 나면 별의 색깔이 조금씩 다르다는 것을 발견하게 된다. 예를 들면, 거문고자리의 베가, 오리온자리 오른쪽 위에 있는 리겔, 그리고 하늘에서 가장 밝은 별인 시리우스 등은 까만 벨벳에 박힌 푸르스름한 흰색 다이아몬드를 연상시킨다. 반면에 시리우스는 무지개의 모든 색상 속에서 반짝이기도 한다. 이와는 달리 황소자리의 알데바란, 전갈자리의 안타레스는 오리온자리의 왼쪽 위에 있는 베텔게우스와 함께 붉은 색으로 빛난다. 마차부자리의 카펠라는 노란색을 띠고, 백조자리에서 가장 밝은 별인 데네브는 순수한 흰색으로 빛난다.

물론 우리는 아주 밝은 별들만 그 색깔을 알아볼 수 있다. 그 원인은 약한 빛에서는 색상을 보는 능력을 잃어 버리는 우리 눈 때문이다. 그런데 빛이 좀 약한 별들도 색깔을 내며 반짝이고 있다. 그것이 어떤 색깔인지는 그 별의 표면 온도에 달려 있다.

예를 들어서 쇳조각 하나를 뜨겁게 달굴 때는 약 600℃부터 빨갛게 되기 시작한다. 온도가 더 높아지면 쇳조각은 오렌지색, 노란색, 그리고 마침내 쇳물은 눈부신 흰색의 빛을 발산한다. 이와 비슷한 색상의 변화가 별에서도 일어난다. 표면 온도가 3,000℃ 되는 곳부터는 별이 붉게 빛나고, 약 6,000℃부터는 노랗게, 8,000℃에서는 하얗게 빛나며, 10,000℃가 넘으면 별은 푸르스름한 흰색의 빛을 발산한다. 그러므로 약 6,000℃ 온도의 태양은 노랗게 빛나는 별에 속한다.

picture & tip
*흰색 빛의 시리우스(좌)
*붉게 빛나는 안타레스(우)

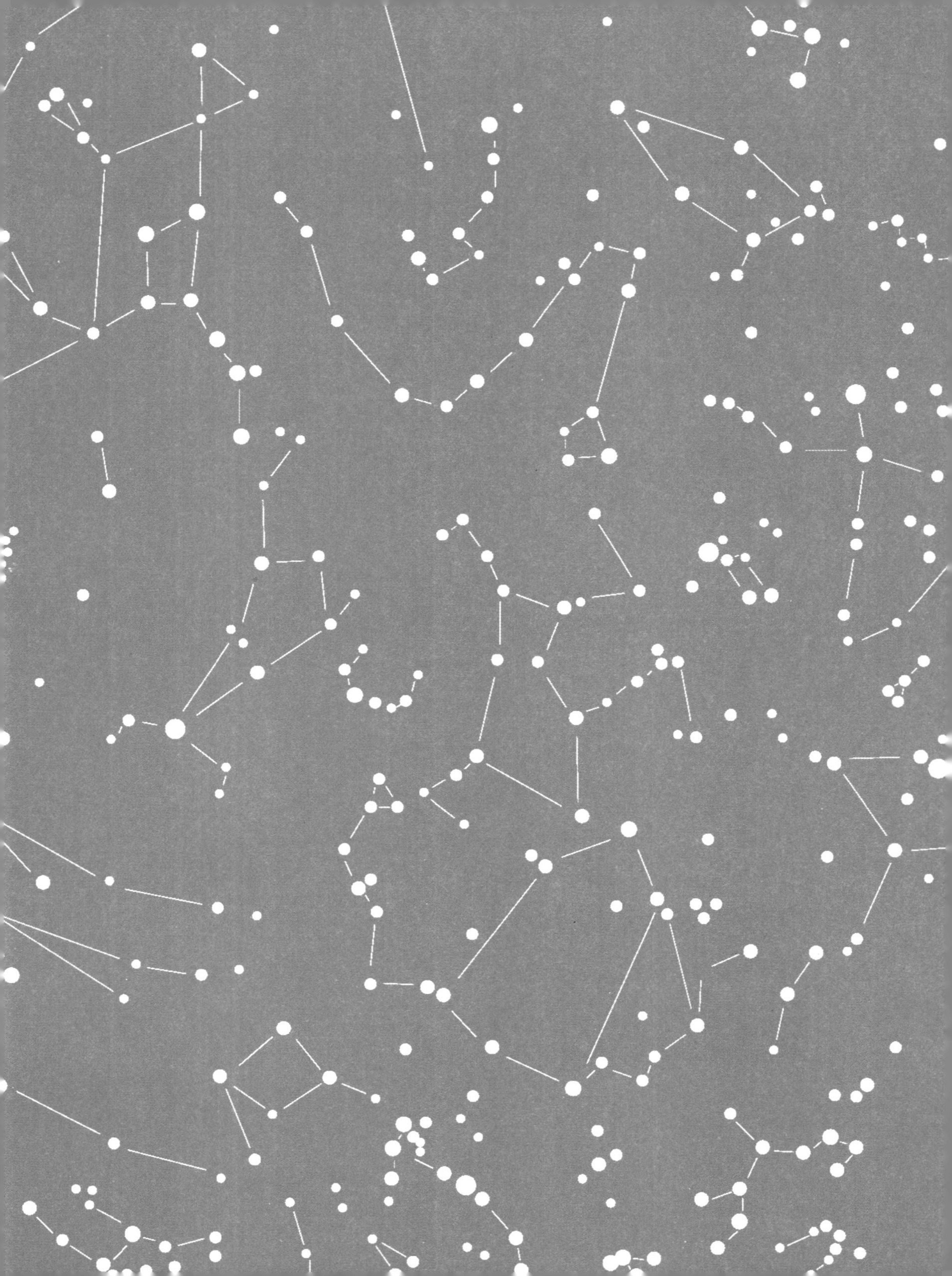

05 끊임없이 변하는 우주

★지구의 어떤 곳에서나 정오에는 태양이 남쪽에 있다? ★태양의 빛은 영원하다? ★중력은 자연 세계에서 가장 강력한 힘이다? ★지구는 생명체가 살기에 가장 안전한 곳이다? ★코페르니쿠스는 행성의 위치를 훨씬 더 정확하게 예언할 수 있었다? ★행성은 태양의 주위를 완전한 원형으로 돌고 있다? ★로마 황제 시저는 북극성을 이용해서 북쪽 방향을 찾을 수 있었다? ★달의 크레이터는 꺼진 화산에서 생겨났다? ★빅뱅 후에 우주의 팽창은 점점 느려지고 있다? ★모든 행성은 하늘에서 우연히 발견되었다? ★별들은 변하지 않는다? ★모든 은하들은 서로 멀어지고 있다? ★태양의 가장 뜨거운 부분은 표면이다? ★우리 눈에 보이는 별들은 정말 존재하는 별일까? ★아주 먼 미래에는 달이 지구 위로 떨어질 것이다?

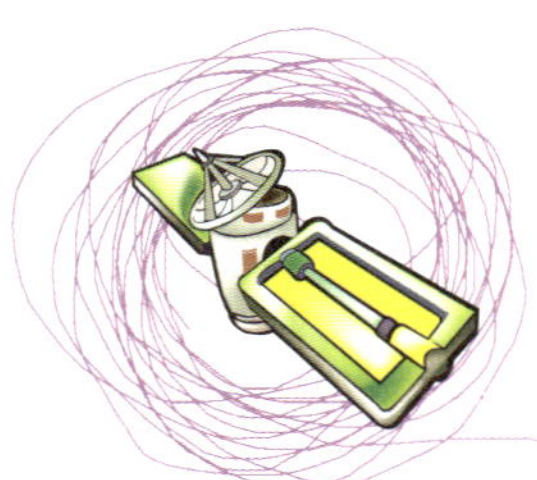

지구의 여러 지방은 지방마다 자연 환경이 많이 다르다. 그렇다면 하늘은 어떨까?
하늘도 지구와 마찬가지로 조금씩 다르지 않을까?

그리스의 작가이며 역사가로 약 2,400년 전에 살았던 헤로도토스는 당시로서는 대단히 놀라운 한 탐험 여행에 대해 이렇게 설명했다.

"이집트의 파라오 네코는 몇 년 전에(약 기원전 600년경에) 선박 함대를 리비아 주변을 항해하고 오도록 파견했다. 당시 사람들은 리비아를 아프리카라고 불렀다. 함대는 홍해에서 출발하였고 남쪽으로 항로를 잡았다. 함대는 도중에 여러 번 육지에 상륙해서 곡식을 심어 수확하고 다시 항해를 계속했다. 그리고 이 함대는 출발한 지 3년 후에 마침내 지중해를 지나 이집트로 돌아왔다. 그런데 이들은 리비아 주변을 항해하던 중 때때로 정오에 태양이 그들의 오른손 편에, 말하자면 북쪽에 있었다고 주장했다."

헤로도토스와 후대의 많은 작가들은 그들의 이런 주장 때문에 탐험 여행의 사실 여부를 믿기 어렵다고 생각했다. 그러나 현재에는 이 탐험이 사실이라는 증거가 된다. 당시에 함대는 실제로 지붕이 없는 배를 타고 미지의 바다를 지나 약 27,000킬로미터나 되는 긴 여행을 했음이 틀림없다. 지구의 남반구과 북반구에서는 여러 가지 일들이 다르게 나타나기 때문이다.

　지구의 남반구에서는 하늘에 떠 있는 별들도 다르고 살고 있는 동물과 식물도 다르며 크리스마스도 한여름에 맞게 된다. 그리고 정오에 태양은 북쪽 하늘에서 볼 수 있다. 여기에는 아주 간단한 이유가 있다. 태양은 겉보기에 적도 위에 있는 것으로 보인다. 계절적인 변화는 있지만 말이다. 우리가 살고 있는 북반구에서 보면 적도는 남쪽에 있고, 태양도 남쪽 하늘 위로 움직인다. 그러나 남반구에 있는 관찰자들에게는 적도가 북쪽에 있으므로 태양이 북쪽 하늘 위로 움직이는 것으로 보인다.

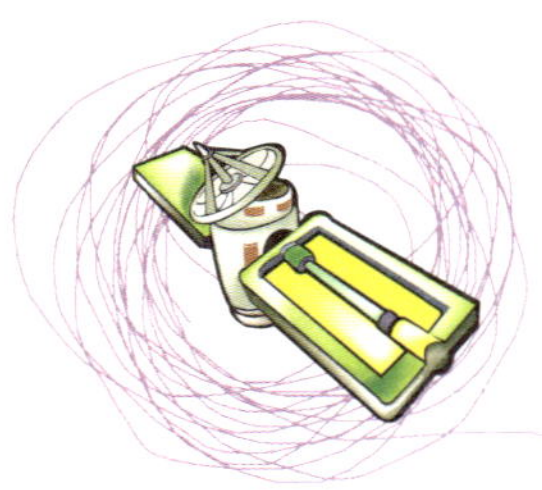

태양의 빛은 영원하다?

태양의 빛과 열이 없다면 지구는 황량하고 텅 비어 있을 것이며 암석과 얼음, 냉각된 가스로 이루어진 단단하게 얼어붙은 공에 불과할 것이다. 지난 46억 년 동안 태양은 성실하게 작업을 했고, 지구의 생명체를 만들어냈다. 그러나 그 어떤 것도 영원한 것은 없으며, 우리의 태양 역시 마찬가지다. 오늘날 우리는 과학의 힘을 빌려 태양이 어떤 운명을 맞게 될지, 그리고 지구의 미래가 어떠할지 잘 예견할 수 있다.

태양은 이미 알려져 있듯이 수소를 사용해 에너지를 발생시킨다. 더 정확하게 말하자면 태양의 중심부에서는 압력과 열을 이용해서 4개의 수소 원자핵이 하나의 헬륨 원자핵으로 융합된다. 이러한 '핵융합'이 에너지를 방출하고 태양의 온도를 높인다.

태양이 탄생할 당시에는 약 75%의 수소로 구성되어 있었고, 약 25%의 헬륨이 섞여 있었다. 태양의 외부 대기층에서는 이런 구성비가 오늘날까지도 유지되고 있다. 그러나 태양의 중심부에서는 이미 대부분의 수소가 변화를 일으켰고 헬륨의 비율이 50%로 상승했다. 앞으로도 중심부에 헬륨이 쌓이면서 핵융합이 계속될 것이고 중심부의 바깥쪽은 그 열로 팽창될 것이다. 이렇게 태양은 천천히 부풀어 오르게 된다. 태양의 표면은 냉각되고 붉은 색을 띠게 된다. 점점 더 많은 빛과 열을 발산함으로써 늦어도 십여 년 후에는 지구의 생명체가 파괴될 것이다.

그리고 아마도 70억 년이 지나면 태양은 지금의 20배 정도로 커지게 될 것이다. 이때는 팽창 속도가 가속화되고 태양계 내의 행성들인 수성과 금성을 삼키게 될 것이다. 지구는 태양의 열 때문에 모든 것이 타 버리고 물도 공기도 없는 행성으로서 모든 생명체를 잃은 상태로 돌아갈 것이다.

마침내 태양이 최대의 크기에 도달하게 되면 그 다음에는 다시 빠르게 수축하기 위해 오늘날의 800배에 이르는 빛을 발산하게 될 것이다. 그 후 수백만 년 동안 태양은 팽창과 수축을 여러 번 반복할 것이며 이때 자기 질량의 일부분을 우주로 내보내게 된다. 결국에는 핵융합에 필요한 모든 연료가 소모되고 태양은 상대적으로 작지만 밝게 빛나는 '백색왜성' 으로 변한다. 백색왜성은 핵융합 반응을 일으키지 않고 내부의 열을 방출하면서 서서히 식어가는 별이다. 그러다가 100억 년에서 200억 년이 흐르면 이 백석왜성은 천천히 냉각되어 마침내 어둡고 차가우며 외로이 우주를 떠도는 '흑색왜성' 이 될 것이다.

핵융합 질량이 작은 몇 개의 원자핵이 핵반응을 통해 하나의 질량이 큰 원자핵이 되는 현상으로 이러한 융합 과정에서 손실된 질량이 막대한 에너지로 전환된다.

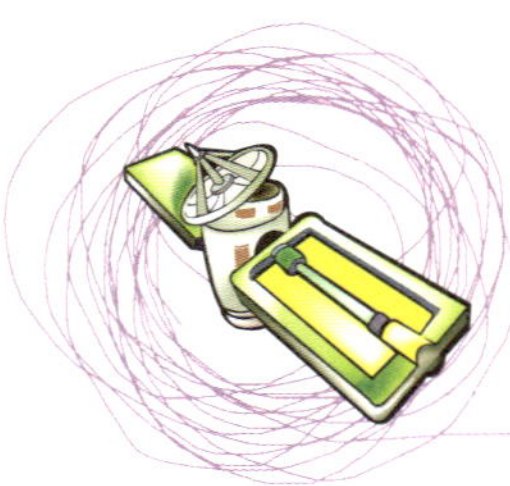

우주를 움직이는 힘 중에서 가장 큰 힘은 어떤 것일까? 만유인력의 법칙을 통해 배운 중력이 가장 큰 힘이 아닐까? 중력만큼 강한 힘이 또 있을까?

중력은 우리를 서 있을 수 있게 할 뿐 아니라 태양, 행성 그리고 은하들이 서로 멀리 흩어지지 않게 하는 역할을 한다. 또한 중력은 빛을 꺾어지게 할 수도 있고 블랙홀 안에 가두고 빠져나가지 못하게 할 수도 있다.

그러나 중력은 가장 중요한 네 가지 자연의 힘 중의 하나일 뿐이다. 물론 중력은 가장 광범위하게 영향을 미치는 힘이기는 하지만 가장 강력한 힘은 아니다.

일반적으로 자연계에서 발견되는 입자 간의 상호작용에는 강한 상호작용, 전자기적 상호작용, 약한 상호작용, 중력의 상호작용이 있다. 중력 외에 다른 세 가지 힘은 원자의 세계에서 영향력을 발휘하고 있다. 그 중에서도 '강한 상호작용'이 가장 강력하다. 이 힘은 원자핵 속에 들어 있는 입자들의 구성 요소들을 결합시킨다. 그리고 이보다 현저히 힘이 떨어지는 '약한 상호작용'은 원자핵의 분열 과정과 핵융합 과정과 연관된다. 한편 '전자기적 상호작용'은 원자들을 결합시키고 원자핵과 전자가 분리되는 것을 막아준다. 또한 빛, 전류, 자기력과 분자의 화학적 연결도 이 힘과 관련되어 있다. 그런데 '전자기적 상호작용'이 자연계에서 결코 가장 강력한 힘이 아님에도 불구하고, 플러스를 띠는 양자와 마이너스를 띠는 전자의 전기적 힘은 중력에 의한 힘보다 훨씬 더, 아주 훨씬 더 강하다.

상호작용 물질은 원자로 이루어져 있고, 원자는 원자핵과 전자로 이루어져 있으며, 원자핵은 다시 양성자와 중성자라는 소립자로 이루어져 있다. 이 때 소립자 사이에는 강한 상호작용, 약한 상호작용, 전자기적 상호작용이 이루어진다. 강한 상호작용은 원자핵 내에서 양성자나 중성자 등을 강하게 결합시키는 힘이고, 약한 상호작용은 β 붕괴 등 원자핵의 붕괴를 일으키는 힘이다. 또한 전자기적 상호작용은 전하를 가진 입자에 작용하는 힘으로 원자핵이 전자를 붙들고 있는 힘이다.

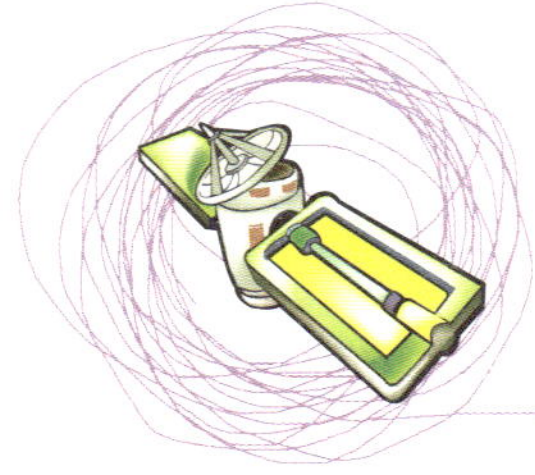

지구는 생명체가 살기에 가장 안전한 곳이다?

나무와 수풀이 우거지고, 푸른 바다가 있는 지구. 이만큼 생명체들이
살아가기 좋은 조건의 행성도 없을 것이다.
그러나 이런 지구도 늘 위험에 노출되어 있다. 어떤 문제가 숨어 있는 것일까?

지구의 역사를 잠깐 되돌아보기만 해도 지구는 생명체들이 살아가기에
아주 좋은 곳은 아니라는 사실을 알 수 있다. 사실 지구는 재앙의 행성이
었다. 여러 번 반복되었던 '생명체의 멸종' 사건은 지구에 살던 수많은 종
류의 동물과 식물을, 때로는 생명체 전체의 절반 이상을 지구에서 사라지
게 했다. 이런 멸종 사건 중 가장 잘 알려진 일이 6,500만 년 전에 공룡들
에게 닥쳤다. 그러나 이 일은 단지 수십 개 사건 중의 하나일 뿐이며 더구
나 가장 최악의 경우는 아니었다.

예를 들어 2
억4천5백만 년
전에는, 그러니까
고생대의 마지막 시기
와 중생대 사이에는 단 한
번의 재앙으로 모든 생물
종류의 90% 이상이 사라
졌다.

여러 가지 증거들에 의

하면 이런 무서운 재앙의 원인은 우주에서 온 거대한 운석들이다. 운석들이 엄청난 충격과 함께 지구에 떨어지고 때때로 수 킬로미터 크기의 크레이터들을 남긴다. 지난 몇 년 동안의 연구에 따르면 그런 끔찍한 충돌들은 결코 어떤 예외적인 경우가 아니며 지구의 역사적 단계에서 볼 때 비교적 자주 일어나는 일이다. 언제든지 한 지역을 황폐화시키고 대도시 하나를 파괴시킬 수 있는 작은 조각들은 1,000년에서 10,000년마다 떨어질 수 있다. 이 범위 안에 드는 것이 바로 시베리아에서 일어난 1908년의 '퉁그스카 사건'이었다. 이때 2,200제곱킬로미터의 면적에 있는 모든 나무들이 부러졌다고 한다. 다행히도 이 사건은 인구 밀도가 희박한 지역에서 일어났지만 언젠가는 대도시에서도 일어날 수 있는 일이다.

수백만 년의 간격을 두고 지구에 떨어졌던 더 큰 운석들은 그 충돌로 지구의 기후를 심각하게 변화시켰다. 앞으로 이런 일이 일어난다면 분명히 인간의 문명도 파괴될 것이며, 어쩌면 심지어 인간이라는 종을 멸종시킬 수도 있다.

인류는 지금까지 이런 위험에 대해 무방비로 노출되어 있었지만, 최근 나사(NASA)를 비롯한 연구 기관에서 지구와 충돌할 가능성이 있는 운석이나 소행성들의 위치를 파악하고 있어 이들이 지구 가까이 올 경우를 대비한 프로그램을 운영하고 있다. 그러나 우리가 모든 운석을 충분히 대비하기는 어렵다. 실제로 지구를 향한 거대한 운석 덩어리를 10년 전쯤에 발견할 수 있다고 하더라도 충돌로 예상되는 엄청난 재앙을 확실하게 방지할 수 있는 방법을 찾는 일은 그리 쉬운 일이 아니다. 영화 '아마겟돈'이나 '딥임펙트'에서처럼 운석이나 소행성 등의 방향을 바뀌게 하거나 혹은 폭발시키기 위해 핵폭탄을 이용하는 시나리오는 그 결과를 정확하게 예측할 수 없기 때문에 무척 위험하다.

그러나 우리 행성이 더 큰 충돌로부터 안전하다고 해도 늦어도 10억 년 안에는 최후를 맞이하게 될 것이다. 그 때가 되면 태양 광선이 강해져서 바다를 끓게 만들고 물을 증발시키며 결국에는 지구의 표면이 불에 타게 될 것이다. 그렇다고 슬픔에 빠질 이유는 없다. 그런 일은 우리와 상관이 없는 일이다. 어차피 우리와 같은 인간은 십억 년 후에는 이미 오래전에 더 이상 존재하지 않을 것이기 때문이다.

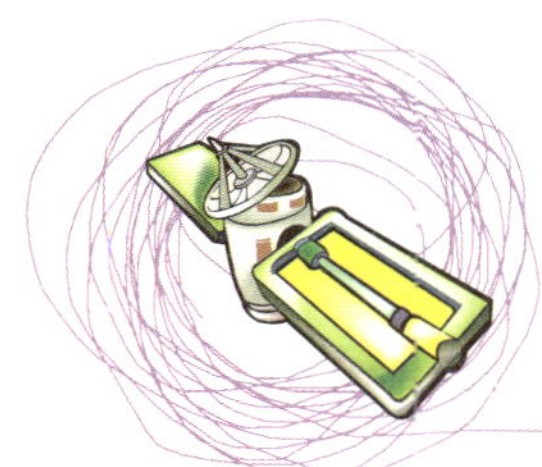

코페르니쿠스가 없었다면, 아직도 우리는 지구를 중심으로 다른 행성들이 움직인다고 생각했을까?
코페르니쿠스는 우주의 비밀을 모두 다 알고 있었을까?

유감스럽게도 그렇지 않다. 만약에 코페르니쿠스가 우주의 비밀을 모두 알고 있었다면, 당시에 사람들은 태양계의 중심이 태양이라는 그의 생각을 훨씬 더 쉽게 받아들였을 것이다. 하지만 코페르니쿠스는 무엇보다도 자신의 이론에 대해 확신을 가졌다. 그 이유는 자신의 우주관이 다른 이론들보다 더 명확했기 때문이다. 그의 모델은 많은 천체 관찰 결과 자료들을 설명하는 데 편리했다.

왜 수성과 금성이 태양 가까이에서 움직이고 있는지, 혹은 왜 화성과 목성, 그리고 토성은 하늘에서 커다란 곡선을 그리며 움직이는지 잘 설명해주었다.

그러나 막상 그가 자신의 이론을 근거로 행성의 위치를 알아보려고 시도했을 때, 여러 면에서 계산된 위치와 관측된 위치들이 일치하지 않았다. 그래서 과거의 천문학자들처럼 코페르니쿠스도 이론과 현실을 억지로 꿰어 맞추기 위해 여러 가지 불확실한 가설들을 만들어내야만 했다.

그의 이론은 기본적으로 옳았지만, 두 가지 부분에서 틀린 점이 있었다. 우선 과거의 모든 천문학자들과 마찬가지로 코페르니쿠스도 행성의 궤도를 원형이라 생각했고, 행성들이 일정한 속도로 움직인다고 생각했다. 그래서 코페르니쿠스의 지동설에는 한계가 있었다.

하지만 몇 십 년 후에야 비로소 남부 독일 출신의 천문학자 케플러가 행성들은 타원형의 궤도를 그리며 이때 그 속도는 규칙적으로 변한다는 것을 알아냈다. 케플러에 와서야 비로소 과거의 다른 모든 천문학자들보다 훨씬 더 정확하게 행성들의 위치를 예측할 수 있게 되었다. 케플러는 코페르니쿠스 지동설의 정확도를 높이는 데 큰 도움을 주었다.

picture & tip

*케플러(1571~1630) : 독일 천문학자로 티코 브라헤의 제자이기도 하다. 화성의 운동을 연구하는 중에 행성들의 궤도가 타원이라는 것을 발견했다. 이를 기초로 행성들의 운동을 수학적으로 설명했다.

행성들이 태양의 주위를 돌 때 타원 궤도로 돈다는 것은 이미 밝혀졌다. 지금은 당연한 이론이지만, 옛날 사람들은 이 궤도를 타원이 아니라 완전한 원형이라 생각했다. 어떻게 이런 사실을 밝혀냈을까?

새로운 이론이 받아들여지기까지는 언제나 어려움을 겪는다. 태양이 중심에 있고 행성들이 그 태양의 주위를 돈다는 태양 중심적인 이론을 발표한 코페르니쿠스도 처음부터 모든 학자들을 납득시켰던 것은 아니다. 그 이유는 그의 모델을 근거로 행성의 위치를 추측하는 작업이 기존의 지구 중심 모델보다 더 나은 결과를 내놓지 못했기 때문이다.

지구 중심 모델을 뒤엎고 태양 중심 이론이 받아들여지기 위해서는 세 가지 중요한 발견이 필요했다. 먼저, 1610년 이탈리아의 천문학자인 갈릴레오 갈릴레이가 처음으로 망원경을 통해 목성을 관측했고 목성의 주위를 돌고 있는 네 개의 위성을 발견했다. 이로써 실제로 지구의 주위를 돌지 않는 천체들이 있다는 사실이 입증되었다. 또한 그는 금성도 달처럼 주기적인 모양의 변화를 보인다는 것을 발견했다. 이런 사실은 과거의 지구 중심 모델로는 설명할 수 없다. 그러나 무엇보다도 중요한 것은 케플러가 형성들의 궤도가 결코 원형이 아니라는 생각을 해 낸 것이다.

그리스의 철학자들은 오래전부터 행성의 궤도는 원형이라고 확신했다. 그들은 원형을 기하학적으로 가장 완전한 도형이라고 생각했고, 신성한 하늘의 운동은 완전한 도형인 원형을 따를 것으로 여겼기 때문이다. 어떤 학자도 이런 생각을 의심하지 않았다. 그러나 케플러는 정확한 관측과 분석을 통해 행성의 궤도가 실제로는 타원형이라는 사실을 알게 되었다. 1609년과 1619년 사이에 그는 공전 궤도에 관한 세 개의 중요한 법칙들을 정리했고, 이것이 오늘날 '케플러의 법칙'으로 알려져 있다. 이 법칙들이 궤도 측정의 기반으로 사용되면서 정확하게 들어맞는다는 사실이 증명되었다. 그럼으로써 케플러의 법칙은 태양 중심의 새로운 세계상이 성립되는데 가장 중요한 발판이 되었다.

picture & tip

*목성과 그 주위를 도는 위성들

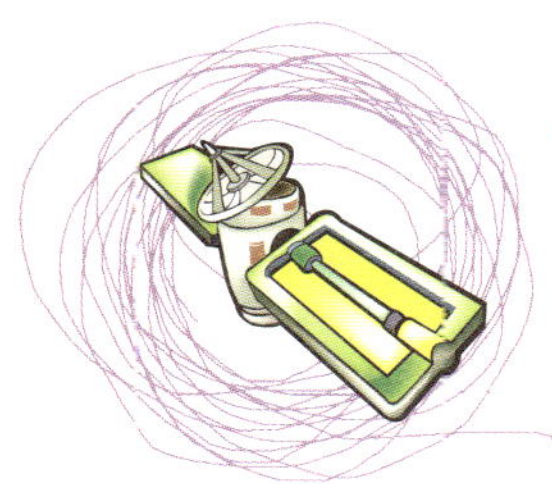

길을 잃어버리면 무엇부터 찾아야 할까? 밤하늘의 북극성은 늘 같은 자리에 있어, 길 잃은 사람들의 나침반이 되어 준다. 북극성은 늘 같은 자리에서 언제까지나 우리의 나침반이 되어 줄까?

흔히 보이스카우트가 되면 방향을 찾는 기술을 배운다. 우선 별이 빛나는 밤하늘에서 큰곰자리에 있는 북두칠성을 찾는다. 이 별자리는 시야가 맑을 때는 언제나 볼 수 있다. 여기서 네모 모양의 뒤쪽에 있는 별 두 개의 거리를 위쪽으로 다섯 배 연장시키면 별이 별로 없는 지역에서 중간 정도의 밝기를 내고 있는 별과 만난다. 그 별에서부터 수평선 쪽으로 수직선을 내리면 이 방향이 바로 북쪽이다. 그러나 로마 황제 시저 시대에는 이런 방법을 쓸 수 없었다. 그 때는 밝은 북극성^{작은곰자리의 알파별}이 없었기 때문이다. 그 이유는 무엇일까?

지구는 하루에 한 번씩 자전축을 중심으로 회전한다. 그런데 문제는 기울어진 채로 회전한다는 것이다. 마치 신나게 돌던 팽이가 나중에 힘이 빠져 옆으로 기울어진 채로 비틀거리며 돌 듯이 말이다. 이 때 팽이의 중심축을 보면 큰 원을 그린다. 지구의 자전축도 비슷한 원을 그리며 운동하는데, 이를 세차운동이라 한다. 이러한 지구의 독특한 운동 때문에 하늘의 북극이 약 25,800년 주기로 달라지고 있다.(사람들은 이런 시간적 단위를 '플라톤년' 이라고 부른다.)

이때 지구의 회전축 방향에 있는 별은 항상 북쪽을 가리키기 때문에 북극성의 역할을 한다. 현재 천구의 북극은 작은곰자리에 있으며 우리의 북극성과는 약 보름달 폭의 두 배 되는 거리에 있다. 그리고 2,102년까지는 천구의 북극이 이 별과 더 가까이 갈 것이다. 그런 다음에는 다시 거리가 멀어진다. 그래서 약 2,000년 후가 되면 천구의 북극은 케페우스자리를 지나서 백조자리로 움직인다. 그리고 끝으로 거문고자리와 헤라클레스자리를 지나 용자리로 간다. 그리고 25,800년 후에 천구의 북극이 다시 지금의 자리로 돌아온다. 물론 천구의 남극도 그 곳의 별자리를 지나서 비슷한 궤도를 그리게 된다. 그러므로 지구의 북쪽을 상징하는 별은 시대에 따라 달라질 수밖에 없다.

사실 우리가 지금 중간 밝기의 북극성을 볼 수 있는 것은 행운이다. 천구의 북극이 가리키는 북쪽 하늘에 밝은 별이 없었던 기간도 있었다. 로마 시대에는 그곳에 단지 빛이 희미한 별들만이 있었다. 고대 이집트에서 피라미드를 건축할 때는 상황이 훨씬 나았다.

당시에는 용자리에 밝은 별인 투반이 북극성으로 있었기 때문이다. 그리고 빙하시대가 거의 끝나가던 신생대 말기의 매머드 사냥꾼들을 위해서 거문고자리의 밝은 별 베가가 북극으로부터 그리 멀지 않은 곳에 있었다.

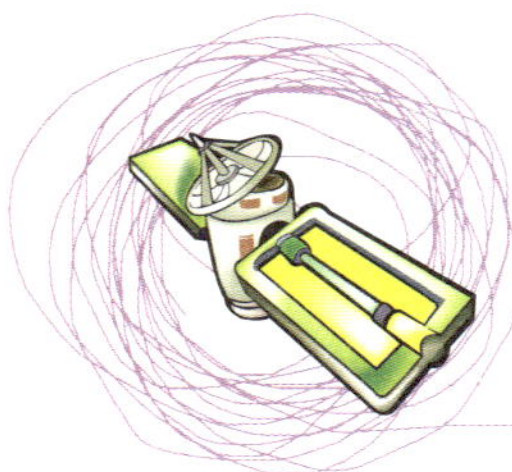

달의 크레이터는 꺼진 화산에서 생겼났다?

달의 얼굴에는 어쩌다가 곰보 자국이 생겼을까? 간혹 화산 주변에서 볼 수 있는
돌과 비슷한 모양인 것을 보면, 화산과 관련이 있을 것 같다.
아니면 다른 이유가 있는 걸까?

주름진 울퉁불퉁한 모습, 그것이 작은 망원경을 통해 보이는 달의 표면
이다. 우리는 지구를 향하고 있는 달의 앞면에서만 최소 크기가 1킬로미
터인 300,000개 이상의 크레이터를 셀 수 있다. 과거에는 이곳에서 화산
이 연기를 내뿜고 있었을까?

19세기의 천문학자들은 달에 화산이 있다고 생각했다. 20세기까지도
달에서 관측되는 특정한 빛의 발산을 화산 폭발이라고 해석했기 때문이
다. 하지만 시간이 지날수록 달에 화산 활동이 있다는 생각을 의심하기
시작했다. 과학자들은 달에서 관측되는 밝은 빛의 발산은 소행성들의 충
돌로 인한 것이거나 가스 분출이거나 혹은 관측 실수일 것이라는 생각을
하게 되었다.

젊은 시절의 달에는 격렬한 화산 활동이 있었다. 달은 불타는 공으로
우주에 존재했다. 달의 표면에는 수많은 구멍과 틈이 있었고 그 사이로
가스와 용암이 솟구쳐 흘러나왔다. 게다가 운석의 충돌로 계속 구멍이 만
들어졌다. 약 40억 년 전에는 특히 커다란 바위 암석들이 달 위로 떨어졌
고 여러 군데가 파괴되었다. 용암이 위로 솟아올라 주변 지역으로 넘쳐흘
렀으며 짙은 회색의 암석으로 굳어졌다. 그렇게 해서 오늘날 '달의 바다'

라고 불리는 화산 평원이 만들어졌다.

그러나 시간이 흐르면서 달의 표면은 점점 더 두꺼워졌다. 운석들은 더 이상 달에 큰 충격을 가할 수 없었다. 그리고 달 내부의 힘도 점점 약해졌다. 그리하여 달의 화산 활동은 최소한 30억 년 전부터는 정지된 것으로 보인다.

그러므로 오늘날 우리가 눈으로 볼 수 있는 크레이터들은 화산으로 인한 흔적이 아니다. 운석들의 공격은 혼란했던 태양계의 '성립기' 이후로 그 강도가 대단히 약해지기는 했어도 여전히 멈추지 않고 있다. 수십억 년 이래로 달의 표면 전체가 포격의 대상이 되고 있다. 우주로부터 큰 천체들이 계속해서 초속 10내지 70킬로미터의 속도_{이것은 시속 250,000킬로미터에 해당함}로 질주해 오고 있다. 단 10미터의 지름을 가진 덩어리가 충돌할 때도 수소 폭탄 하나의 에너지가 방출되며 100미터짜리 운석은 지구상의 모든 핵폭탄이 함께 폭발하는 효과를 능가한다. 이런 엄청난 에너지는 먼 주변의 천체들까지 녹이고 증발시키거나 일부는 멀리 날려 버린다. 이때 강력한 속도로 날아간 조각들은 달의 인력을 벗어나서 운석으로 지구에 떨어진다. 그리고 달에는 수 킬로미터 크기의 크레이터들이 남겨진다. 또한

picture & tip

*베린저 운석공 : 미국 애리조나 주 캐니언 다이아블로 사막에 있는 크레이터이다. 큰 웅덩이 모양으로 지름 1.2km 깊이는 200m 정도 이다.

달에는 공기도 물도 없기 때문에 모든 크레이터들이 그대로 유지된다. 그렇다고 해도 이들은 다시 포격을 맞게 될 것이다. 그러므로 우리가 지금 볼 수 있는 크레이터들은 30억 년 이상 된 운석 크레이터들을 모아놓은 셈이다.

미래의 달 탐사선과 달 탐험을 위해서, 이런 크레이터들은 중요한 의미를 지닌다. 달과 마찬가지로 지구도 운석들의 포격 대상이기 때문이다. 단지 지구의 크레이터들은 오래전에 풍화되어 흔적이 희미해졌을 뿐이다. 그래서 달에서 찾을 수 있는 충돌의 증거들을 통해 우주의 폭탄이 지구상의 생명체에 어떤 영향을 미칠 수 있는지, 그리고 앞으로 얼마나 강해질지 알 수 있는 중요한 정보를 얻게 될 것이다.

빅뱅 후에 우주의 팽창은 점점 느려지고 있다?

현재는 빅뱅 후에 우주가 만들어졌다는 이론이 가장 지배적이다.
그렇다면 현재의 우주는 또 어떻게 변하고 있을까?

사람들은 우주가 '빅뱅'과 함께 시작되었고, 그 후에도 계속해서 팽창하고 있다는 사실을 알게 된 다음부터 미래의 운명에 대해 생각하기 시작했다. 별들이 점점 모든 연료를 소비하고 아주 긴 시간이 지난 후 마침내 춥고 어두워질 때까지 이 우주는 계속해서 같은 속도로 팽창해갈 것인가? 혹은 '빅뱅'의 영향력이 점점 약해지고 우주 내부에 있는 물질의 인력이 증대되어 우주가 다시 수축할 것인가? 두 번째 가설에 대해서는 최근 몇 년 전까지 수많은 지지자들이 있었다.

그런데 1998년에 두 곳의 연구팀이 우주의 팽창 속도가 처음에는 감소했지만 수십억 년 이후부터는 오히려 빨라지고 있다는 증거를 찾아냈다. 세계적인 학술지인 '사이언스'의 편집부는 이러한 발견을 대단한 사건으

picture & tip

*계속해서 팽창하고 있는 우주 모습

로 보도했다. 우주 팽창의 가속화에 대한 원인으로는 '암흑 에너지' 가 이야기되고 있는데 이것은 일종의 중력과 반대가 되는 힘으로 그 본질에 대해서는 아직 알려진 바가 전혀 없다.

이런 결과를 생각해보면 우주의 미래는 그 어느 때보다도 수수께끼에 휩싸인다. 그런 면에서 유명한 영화 제작자인 우디 알렌이 던졌던 질문은 수많은 의문들 중의 하나일 뿐이다.

"만약 우주가 끊임없이 팽창하고 있다면 어째서 우리는 날이 갈수록 주차할 곳을 찾는 일이 더 힘들어지는 것일까?"

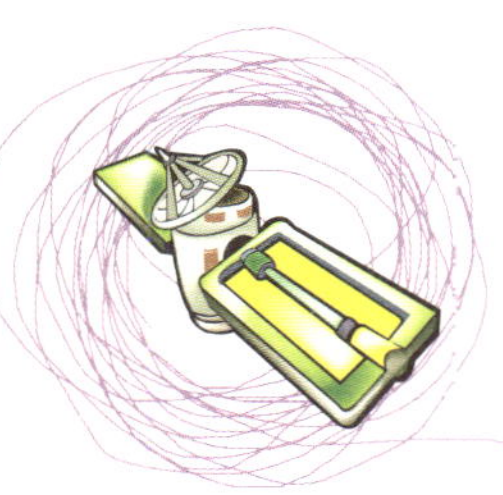

모든 행성은 하늘에서 우연히 발견되었다?

천문학자들이 커다란 천체망원경을 통해 행성을 발견하는 모습을 상상할 수 있다.
그렇다면 우리가 알고 있는 모든 행성이 이렇게 발견되었을까?

그렇지 않다. 실제로 우연이 아니라 지극히 의도적으로, 그것도 눈으로 보기 전에 먼저 메모지와 펜을 통해 발견되었던 행성이 있었는데, 해왕성이 바로 그것이다. 해왕성은 잘 알려진 바와 같이 행성의 위치가 먼저 수학적으로 계산되어 알려졌고, 그 후 하늘에서 발견되었다.

1781년에 음악가이며 아마추어 천문학자인 윌리엄 허셜은 인류 최초로 천왕성을 발견했다. 그런데 이 행성은 특이한 운동을 해서 천문학자들의 머리를 어지럽게 만들었다. 천왕성은 예측된 공전 궤도를 지키지 않았고, 시간이 흐르면 흐를수록 계산된 위치와 관찰되는 위치 사이의 간격이 점점 커졌다. 그러자 천문학자들 사이에서는 행성 운동에 대해 지금까지 알려진 법칙이 태양에서 거리가 먼 경우에도 적용되는가에 대해 의심을 품었다. 몇몇 천문학자들은 다른 해석의 가능성을 주장했다. 즉 지금까지 발견되지 않은 다른 행성이 더 먼 거리에 존재하고, 그 행성의 중력이 천왕성의 궤도를 변화시켰다는 생각이었다.

두 명의 천문학자, 영국의 존 애덤스와 프랑스의 위르뱅 르베리에가 대규모 프로젝트를 시작했다. 그들은 천왕성의 궤도 이상에서부터 미지의 행성이 있는 위치를 계산해내려고 했다. 이런 시도는 컴퓨터나 현대적인 계산기도 없이 이루어진 수개월이 걸리는 작업이었다. 더구나 많은 계산 과정 중에서 아주 작은 계산 실수 하나만으로도 모든 것을 망칠 수 있었다. 그런데 이들은 서로의 연구에 대해 모르고 있었다. 그리고 자신들이 서로 학술적인 경쟁을 시작하게 된 것도 알지 못했다.

마침내 먼저 승리를 거둔 사람은 르베리에였다. 그가 상대방보다 먼저 결과를 발표했기 때문이다. 그러나 그의 프랑스 동료들은 이런 결과를 믿으려고 하지 않았다. 그래서 르베리에는 베를린 천문대의 천문학자인 요한 고트프리트 갈레를 찾아가서 자신의 결과에 따라 미지의 행성을 찾아봐 줄 것을 부탁했다. 갈레는 그의 뜻대로 해주었고 며칠이 지나지 않아 그 별을 발견했다. 계산에 의해 예측되었던 곳에 거의 정확하게 푸른색의 원반이 발견되었고, 이 행성은 평범한 망원경으로도 눈에 잘 보였다. 로마 신화에 나오는 바다의 신이라는 뜻의 해왕성이라는 이름이 이 별에 아주 적절했다.

그런데 후에 밝혀진 바와 같이 갈레가 결코 최초의 해왕성 관측자는 아니었다. 해왕성의 궤도를 알게 되자, 사람들은 과거의 위치를 계산해냈고 이에 따라 과거의 기록들을 살펴보았다. 실제로 이미 여러 명의 천문학자들이 해왕성을 보았던 것으로 나타났고, 그 중에는 이탈리아의 갈릴레오 갈릴레이도 있었다. 그러나 그들은 모두 이 행성을 항성으로 여겼기 때문에 최초의 발견자가 될 수 있는 기회를 놓쳤던 것이다.

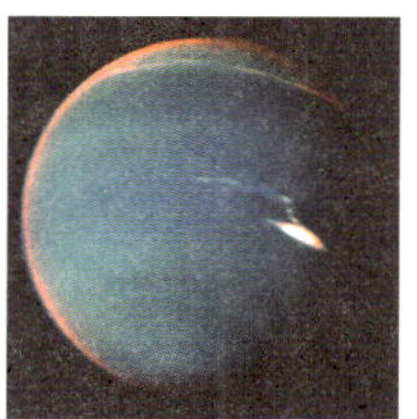

해왕성 태양계의 8번째 행성이다. 질량은 지구의 약 17배 정도이고, 반지름은 4배 정도이다. 자전주기는 약 18시간이며, 공전주기는 매우 길어서 165년이다. 8개의 위성이 있으며, 그 중 트리톤은 다른 위성들과 달리 반대 방향으로 공전한다. 해왕성도 토성처럼 가는 고리를 갖고 있다.

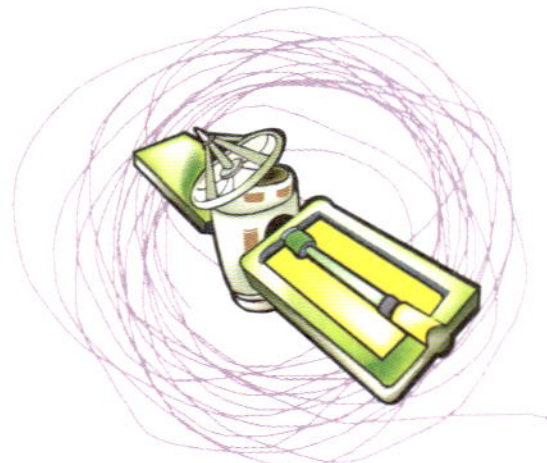

세상에 변하지 않는 것이 있을까? 늘 같은 자리를 지키고 있는 별들은
변하지 않고 영원히 같은 모습이지 않을까?

그리스인들은 단순하고 꼭 맞게 짜인 우주관을 가지고 있었다. 우주의
중심에는 지구가 정지해 있고, 태양과 달과 행성들이 각기 다른 궤도로
지구의 둘레를 돌고 있다고 여겼다. 그리고 외부에는 하나의 커다란 어두
운 껍질이 이들을 둘러싸고 있고, 여기에 별들이 고정되어 있다. 이 껍질
이 안정적이고 질서정연한 신의 왕국과 일시적이고 혼란한 인간의 세상
을 구분한다고 믿었다. 그래서 그리스인들은 신의 왕국에 속하는 별들은
결코 변하지 않는다고 여겼다.

이런 생각은 오랫동안 지속되었다. 그러나 시간이 흐르면서 사람들은
이런 모델과 잘 맞지 않는 모습을 관찰하게 되었다. 아주 짧은 시간이지
만 가끔 하늘에 아주 밝은 별이 새롭게 나타났다. 중국의 천문학자들은
여러 번 그런 '새로운 별'에 대해 언급했다. 그러나 서양에서는 이런 별들
이 관찰되지 않았거나 혹은 최소한 기록되지 않았다.

이런 별에 대해 제대로 알린 것은 덴마크의 천문학자인 티코 브라헤였
다. 그는 1573년에 하늘에 나타난 새로운 별, 처음에는 금성보다 더 밝았
던 '신성'에 대해 보고했다. 그는 '세상이 생긴 이후 나타난 적이 없었던
기적'이라고 표현한 이 별을 빛이 약해질 때까지 485일 동안 관찰했다.

그럼으로써 불변의 별세계에 대한 이미지가 흔들리기 시작했다. 더구나 32년 후에는 또 다른 신성이 나타났다. 오늘날 우리는 그런 현상이 '새로운' 별과 반대되는 것임을 알고 있다. '초신성'이라고 불리는 이러한 빛의 발산은 별의 죽음을 나타낸다.

'초신성'만큼이나 사람들에게 동요를 일으켰던 것은 규칙적으로 밝기가 달라지는 '변광성'이었다. 이미 고대의 천문학자들도 최소한 하나의 별에서는 이런 특성을 발견하고 그것을 나쁜 징조로 해석했을 것으로 추측된다. 바로 페르세우스자리의 별인 알골에 대한 이야기다.

알골은 약 3일이 지나는 동안 눈에 띄게 그 밝기가 변한다. 그래서 알골에게 '메듀사의 눈'이라는 별명이 붙여졌을 것이다. 전설에 따르면, 이 괴물이 쳐다보면 인간이 돌로 변한다고 한다. 아라비아의 별 관측자들은 이 별을 '악령의 우두머리'라고 불렀고, 여기서 알골이라는 이름이 나오게 되었다. 이들도 역시 이 별에 대해 부정적으로 생각했음이 분명하다.

변광성 밝기가 변하는 항성이다. 스스로의 원인으로 변하는 변광성이 있고, 쌍성을 이루며 서로 가리면서 밝기가 변하는 식변광성이 있다.

picture & tip

*고래자리의 변광성 미라
*티코 브라헤(1546~1601) : 덴마크의 천문학자다. 우라니보르크라는 천문대를 짓고 그곳에서 천체를 관측했다. 초신성과 혜성을 발견했으며 인류 최대의 관측 전문가라고 할 정도로 방대하고 정확한 천문 관측을 했다.

후에 이 별이 갖게 된 '악마의 별'이라는 별명도 신의 질서에 위배된다는 의미를 지니고 있고, 오로지 적대자라는 생각에서만 나올 수 있기 때문이다. 물론 이제는 알골이 결코 악마와 관련되지 않았다는 확실한 근거가 있다. 그 모든 현상은 한 어두운 동반별이 규칙적으로 알골의 한 부분을 가리기 때문에 생기는 현상이다. 그래서 알골을 '식변광성'이라고 한다.

이렇게 별들이 서로의 빛을 가림으로써 밝기가 변하는 경우도 있지만 실제로 별 자체의 밝기가 변하는 경우도 있다. 그 이유는 일정한 리듬을 가지고 팽창했다가 수축했다가 하기 때문이다. 사람들이 이런 변화를 발견했던 최초의 별은 고래자리의 별인 미라(Mira)였다.

이제 현대의 천문학은 영원히 불변하는 천체에 대한 생각을 완전히 무너뜨렸다. 그리고 우주에는 단지 변하는 별들만이 존재한다는 사실을 알려주었다. 하늘에서 빛나는 모든 가스 덩어리들은 언젠가 태어나서, 존재하는 동안 변화를 겪고, 몇 백만 년 혹은 몇 십억 년 후에는 죽음을 맞는다.

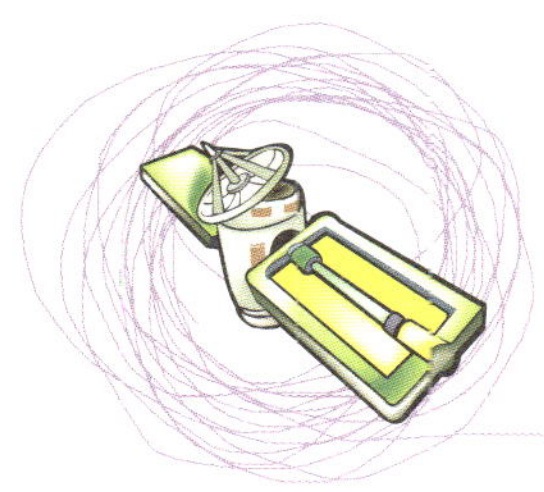

모든 은하들은 서로 멀어지고 있다?

빅뱅 이후 우주는 점점 팽창하고 있다고 한다.
그렇다면 별들의 거리는 그 팽창과 함께 점점 멀어지게 되는 것일까?

미국의 천문학자 에드윈 허블이 1929년에 알아낸 사실은 당시로서는 대단히 놀라운 사건이었다. 그는 거의 모든 은하가 우리로부터 멀어지고 있다고 주장했다. 실제로 우주는 '빅뱅' 이후 빠른 속도로 팽창하고 있다. 그리고 이런 상황은 케이크를 구울 때와 비교해서 설명할 수 있다. 오븐 안에서 부풀어 오르는 반죽 때문에 그 안에 들어 있는 모든 건포도들이 서로 멀어지는 것과 같이 우주 안에 있는 모든 은하들의 간격도 점점 멀어지고 있다.

그런데 이런 특징은 거리 단위가 큰 경우에만 해당된다. 다시 말해서 은하는 무리를 형성하고 있고, 이 무리들은 서로 멀어지고 있다. 그러나 그 무리 안에 있는 각각의 은하들은 마치 모기들과 비슷하게 무리를 지어 윙윙거리고 있고, 때로는 무리 안에 있는 다른 은하의 방향으로 날아가기도 한다. 그러므로 은하들이 서로 충돌하는 일도 드물지 않게 일어난다. 우리 은하도 그러한 운명에 놓여 있다. 우리 은하와 가장 가까이 있는 안드로메다은하가 약 초속 140킬로미터의 속도로 빠르게 우리를 향해 오고 있으며 약 30억 년 후에는 도달할 것으로 추측된다.

그러나 은하가 충돌한다고 해도, 은하를 이루는 각각의 별들이 서로 충돌하는 일은 거의 없을 것이다. 예를 들어, 별 하나가 사과 씨앗 하나와 같은 크기라면 유럽 대륙 크기의 평면에 서너 개가 놓여 있는 정도이기 때문이다. 그러나 별들 사이에 있는 먼지 구름의 밀도는 매우 높아질 것이고 많은 곳에서 덩어리들로 뭉치게 될 것이다. 그런 다음에 세상은 수십억 개의 새로운 별들이 빛을 보게 될 것이다. 말하자면 은하의 어마어마한 회춘과 변화의 모습을 보게 된다. 게다가 나선형의 구조가 형성될 것이다. 그리고 수백만 개의 별들로 이루어진 길게 이어진 띠나 구름이 생길 수도 있다. 혹은 별들이 수십억 년이 흐르면서 몇 번의 공동 회전 후에 함께 녹아 버릴 수도 있다.

우리 은하와 만나기 직전에 안드로메다은하의 거대한 불꽃이 하늘 전체를 메우고 화려한 장관이 연출될 것이다. 물론 지구인들은 이런 장면을 결코 즐길 수 없다. 그때는 이미 태양이 지구의 표면을 모두 불태운 후일 것이기 때문이다.

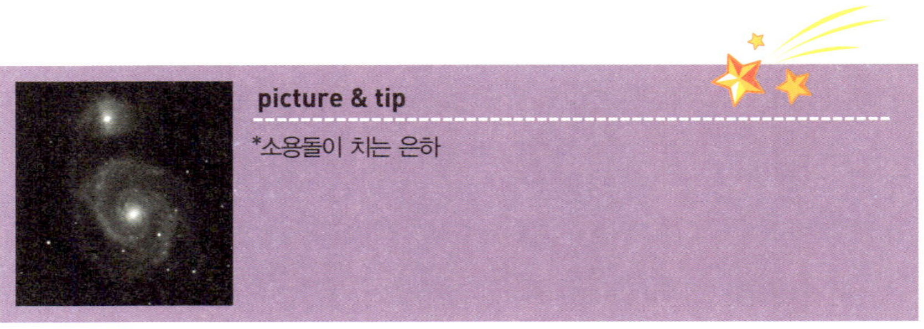

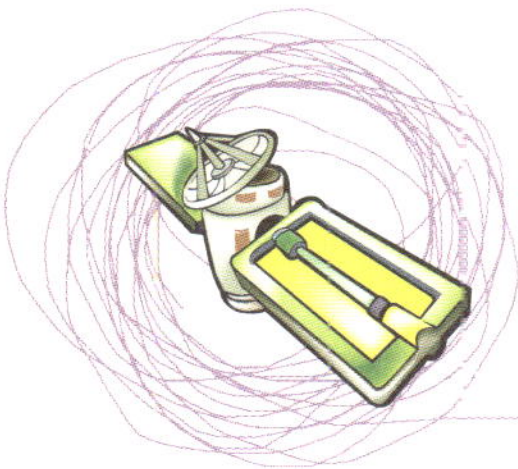

태양의 가장 뜨거운 부분은 표면이다?

간혹 사진으로 태양을 보게 되면, 언제나 이글이글 타고 있다. 태양을 이렇게 타오르게 하는 힘은 어디에 있을까? 그리고 태양 전체에서 가장 뜨거운 부분은 어디일까?

불타는 가스로 이루어진 거대한 공 하나가 한결같이 우리의 낮을 밝혀 주고 있는데, 그 주인공은 바로 태양이다. 끊임없이 뜨거운 가스 덩어리가 태양의 깊은 곳으로부터 올라와서, 표면에 이르면 부글부글 끓는 열기와 물질을 방출하고, 다시 태양의 내부로 가라앉는다. 특수 망원경으로 보면 떠오르는 둥근 가스 덩어리는 작은 알맹이 모양의 쌀알 구조로 되어 있는 것을 볼 수 있다. 그리고 각각의 알갱이들은 지구보다 더 크다.(주의 사항 : 절대로 보호 장치가 없는 망원경으로 태양을 들여다보면 안 된다. 그 즉시 여러분의 눈이 멀게 될 수도 있다!) 이렇게 끓고 있는 태양의 표면을 사람들은 광구Photosphere, 태양 표면의 둥글고 빛나는 부분을 말함라고 부른다. 이 부분에서는 지구상의 생명체를

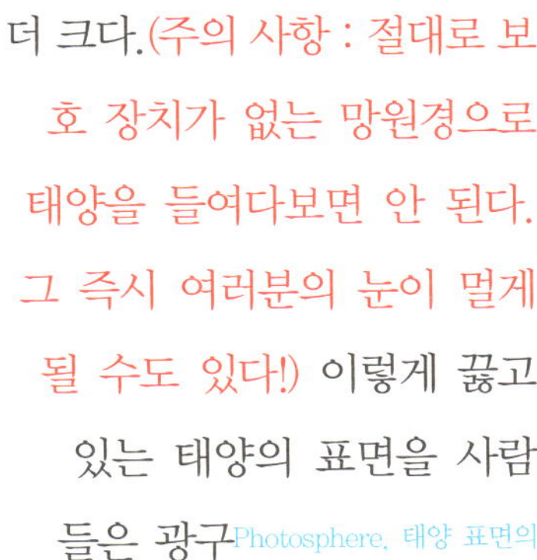

유지시키는 빛과 열기의 대부분이 복사^{열이나 빛을 한 점에서 밖으로 내보내는 현상}된다. 표면의 온도는 대단히 뜨거워서 약 6,000℃에 이른다. 이 정도 온도에서는 우리가 알고 있는 모든 물질들이 즉시 증발해 버릴 것이다.

그럼에도 불구하고 표면은 태양에서 거의 가장 시원한 부분에 해당된다. 표면 중에서 더 어두운 부분인 태양 흑점만이 온도가 더 낮을 뿐이지만, 이 부분 역시 언제나 약 4,000℃를 유지한다.

이와는 달리 태양의 가운데로 갈수록 온도는 상승한다. 태양의 중심핵은 거의 상상을 초월하는 1,500만℃의 온도에 달한다. 태양의 자체적인 질량 때문에 이 중심부는 초고압 상태가 되어 지구 대기 압력의 약 2천억 배에 이른다. 그런데 이러한 지옥 같은 조건이 결과적으로는 생명을 만들 수 있는 환경을 제공한다. 바로 여기서 핵융합이 일어나고 이 핵융합을 통해 태양이 – 태양 자체와 우리를 위한 – 에너지를 생산하기 때문이다. 이 에너지는 초당 약 4백만 톤의 질량을 빛으로 바꾼다.

우리는 흔히 광구 바깥에 있는 층들은 바깥쪽으로 갈수록, 곧 차가운 우주 공간으로 갈수록 온도가 점점 낮아질 것이라고 생각할 수 있겠지만 사실은 그렇지 않다. 이런 층들의 가장 두꺼운 부분은 '코로나'라는 태양의 대기층이다.

이 대기층은 우주 공간에서 태양 지름의 몇 배까지 넓게 뻗어 있으며 밀도는 극히 희박하고 상대적으로 그 빛도 약하다. 그래서 코로나는 개기일식 때만 겨우 볼 수 있다. 그러나 이 코로나는 믿을 수 없을 만큼 뜨겁다. 이곳의 온도는 100~200만℃에 이른다. 이곳의 가스가 어떻게 태양 표면 자체보다도 훨씬 더 높은 온도를 지니고 있는지 그 정확한 이유는 아직까지 확실히 밝혀지지 않았다.

우리 눈에 보이는 별들은 정말 존재하는 별일까?

빛의 속도는 얼마나 빠를까? 밤하늘 별들의 빛은 얼마나 먼 길을 달려 우리에게 온 것일까? 혹시 별이 사라져 버린 후에 빛이 도착한 것은 아닐까?

천문학자들은 역사가라고도 할 수 있다. 사실 그들은 과거를 들여다보고 있기 때문이다. 그 이유는 우주의 거대한 크기 때문이다. 우주는 엄청나게 커서 빛조차도 우주의 단위에서 보면 달팽이처럼 느리게 움직인다. 아무리 최대한의 속도로 뻗어 나간다도 해도 그렇다. 빛은 단 1초 동안에 약 300,000킬로미터를 가로질러 나가므로 적도의 주위를 7번 이상 도는 셈이다. 그러나 이런 빛의 속도가 우주에서의 거리와 관련해서는 어떨까? 태양 빛도 우리에게 오기까지 8분 이상이 필요하다. 태양은 비교적 우리와 가까이에 있다. 예를 들어, 시리우스의 빛은 우리에게 오기까지 8년이 걸린다. 북극성으로부터 오는 빛은 430년이 걸리므로, 그 빛이 출발한 것은 이미 유럽에서 30년 전쟁이 일어나기 전이다.

이웃 은하인 안드로메다은하에서 출발한 빛들이 우주를 통과하는 데는 약 300만 년이 걸린다. 다시 말하면 그곳에서 빛이 출발하였을 때 우리의 선조들은 단순한 석기 도구를 사용하고 있던 때였다. 그리고 다른 은하들은 말할 나위 없이 우리로부터 수십억 광년이나 떨어져 있다. 우리는 지구가 존재하기도 전에 그런 은하들이 발사한 빛과 전파를 받고 있는 것이다.

　결국 우리는 지금 수백 년 전에 혹은 수백만 년이나 수십억 년 전에 출발한 빛의 모습을 보고 있다. 그 이후에 그곳에서 일어난 일은 우리에게 아직 비밀로 남아 있다. 정보가 빛보다 더 빨리 전달될 수는 없으니까 말이다. 지금 막 북극성이 폭발했다면 이 소식은 아마도 430년 후에 우리의 후손들이 듣게 될 것이다.

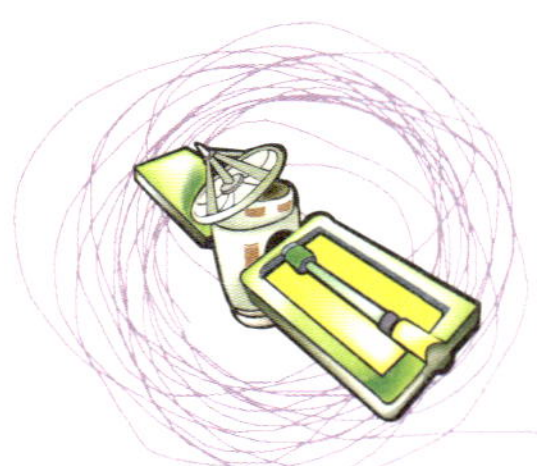

지구 주위를 도는 달은 어떻게 해서 계속 지구의 하늘 위에 떠 있을 수 있을까? 뭔가 문제가 생겨 지구 위로 추락하게 되지는 않을까? 지구와 달이 움직이는 데에는 어떤 원리가 숨어 있을까?

이미 오래전에 갈리아인들은 '하늘이 우리의 머리 위로 떨어질 것'을 두려워했다. 그러나 혹시 그런 일이 일어난다고 해도 달은 예외일 것이다. 달은 지구에 다가오는 것이 아니라 반대로 끊임없이 멀어지고 있기 때문이다. 그것도 1년에 약 4센티미터씩 멀어지고 있다. 우리는 레이저 광선을 이용한 측정에서 이런 수치를 아주 쉽고 간단하게 알아낼 수 있다.

하지만 그 이유를 이해하는 것은 쉬운 일이 아니다. 지구와 달의 운동 관계를 물리적으로 이해해야 하기 때문이다. 간단히 요약하면 이렇다. 우선 달은 자신의 인력으로 지구의 바닷물을 밀고 당기는 조석 현상을 일으킨다. 이때 지구의 바닷물과 바닷물 밑에 있는 지각 사이에는 마찰이 발생하는데, 이 마찰은 마치 자동차의 브레이크와 같은 역할을 하여 지구의 자전 속도를 조금씩 줄이는 역할을 한다. 지구의 자전 속도가 느려진다는 것은 우리의 하루가 조금씩 길어진다는 것을 의미한다.

그러나 지구와 달이 함께 공유하고 있는 각운동량은 항상 일정하다. 따라서 느려진 지구의 줄어든 각운동량만큼 달은 각운동량이 늘어나고, 달은 늘어난 각운동량을 유지하기 위해 지구로부터 거리가 멀어지고 있는 것이다.

각운동량 회전하는 물체의 운동량을 나타내는 것으로 지구를 중심으로 공전하고 있는 인공위성, 긴 끈으로 묶어 쇳덩어리를 돌려 멀리 던지는 해머 던지기, 시원한 바람을 일으키며 돌아가는 선풍기의 날개 등에서 볼 수 있다. 각운동량은 회전하는 물체의 길이가 길수록, 또 질량이 클수록, 또 회전하는 속도가 빠를수록 큰 값을 나타낸다.

picture & tip

*지구 위로 달이 떠 있는 모습

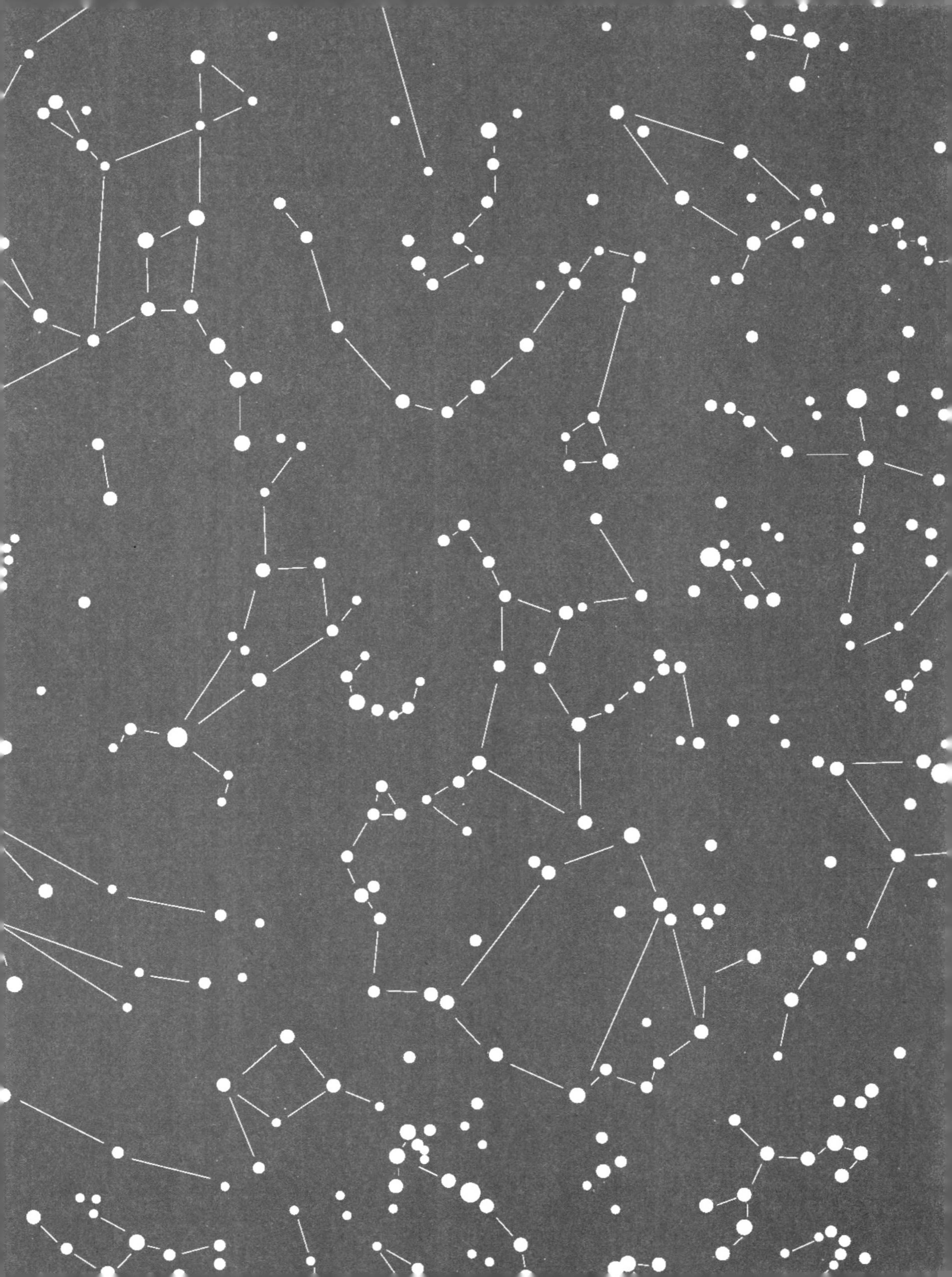

06

우주의 재미있는 기본 지식들

★별들은 실제로 반짝거린다? ★밀물과 썰물은 달이 바닷물을 끌어당겨서 생기는 현상이다? ★달은 자전하지 않는다? ★지구는 언제나 똑같은 빠르기로 회전한다? ★가장 가까운 별도 수백만 킬로미터 떨어져 있다? ★행성의 이름은 고대에 만들어졌다? ★토성의 고리는 대형 망원경을 통해 언제나 관측할 수 있다? ★여름에는 지구가 태양과 더 가까운 곳에 있다? ★지구는 우주의 중심에 정지해 있다? ★우주복은 공기가 새지 않는다? ★인공위성은 무중력 상태에서 돌고 있다? ★지구는 원반이다? ★일식현상은 선글라스를 끼고 관찰할 수 있다? ★대부분의 유성들은 저녁 때 볼 수 있다? ★우주비행사들은 달에서 먼지 속으로 빠진다? ★하늘에서는 어떤 별도 떨어지지 않는다? ★달의 하루는 지구의 하루보다 짧다? ★돈을 내면 별의 이름을 지을 수 있다? ★황도에는 12개의 별자리가 있다? ★달은 보름달일 때 가장 잘 관찰할 수 있다?

별들은 실제로 반짝거린다?

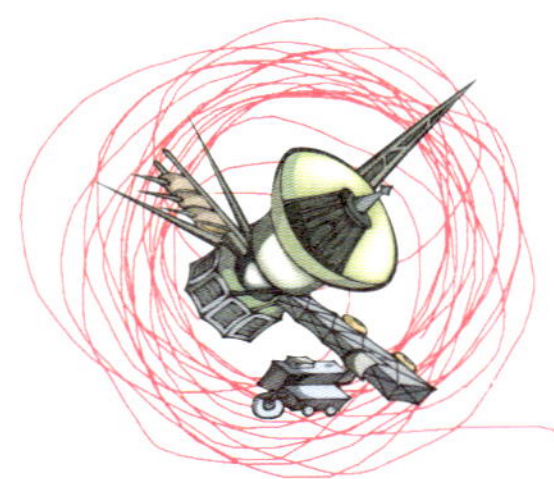

'반짝반짝 작은 별'이란 말은 과학적으로 옳은 말일까? 별들은 정말 반짝이고 있을까? 혹시 우리가 그저 반짝인다고 믿고 있는 것을 아닐까?

더위가 잠시 식은 여름밤에 반짝이는 별 아래에서 사랑하는 사람들이 다정하게 앉아서 이야기를 나누는 모습은 참 아름답다. 그러나 천문학자들이 반짝이는 별들을 보고 매혹되는 일은 없다. 그들은 별들이 스스로 깜빡거리는 것이 아니라는 것을 알고 있기 때문이다. 그런 반짝임은 단지 우리의 눈앞 혹은 망원경의 시야에서 별들을 춤추게 만드는 대기의 움직임일 뿐이다.

별빛은 수년 동안 방해받지 않고 거의 비어 있는 우주 공간을 달려와 우리 눈에 도착하기 직전 마지막 순간에 강하게 흔들린다. 그 이유는 우리의 대기가 끊임없이 소용돌이치고 있고, 이 때문에 빛이 영향을 받기 때문이다. 공기의 움직임이 빛에게 어떤 영향을 미치는지는 태양이 강하게 내리쬐는 지붕 위를 잘 살펴보면 알 수 있다. 태양열에 의해 데워진 지붕 바로 위의 더운 공기가 주위의 차가운 공기를 만날 때 그곳을 통과하는 빛이 흔들리는 모습을 볼 수 있다. 마찬가지로 차가운 대기를 지나 지상의 따뜻한 공기로 들어오는 별빛도 흔들리는데, 우리의 눈에 반짝거리는 것으로 보인다. 망원경은 이런 요동현상을 더욱 확대시킨다. 그래서 천체의 사진을 찍으면 선명한 별 사진을 얻기가 매우 어렵다.

그렇다고 해서 천문학이 흔들리는 빛에 완전히 굴복한 것은 아니다. 오늘날에는 망원경과 연결되어 이런 흔들림을 계산해내는 컴퓨터가 개발되었고, 이런 장치를 통해 천체 사진의 해상도가 뚜렷하게 높아졌다. 허블 우주망원경을 사용한다면 더욱 좋은 결과를 기대할 수 있다. 이 망원경은 지상어 존재하는 이런 모든 장애물이 없는 아주 높은 곳에서 궤도를 돌며 천체를 관찰하고 있기 때문이다.

picture & tip

*반짝거리는 것처럼 보이는 별들

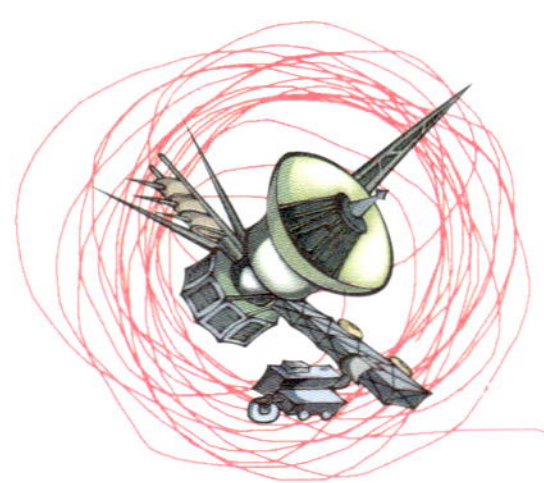

밀물과 썰물은 달이 바닷물을 끌어당겨서 생기는 현상이다?

사람들은 밀물과 썰물의 원인이 달에 있다고 말한다. 달이 없다면 밀물과 썰물 현상은 일어나지 않을까? 그 원인이 달에만 있는 것일까?

만약 그렇게 간단하다면 밀물과 썰물은 하루에 단 한 번, 달이 정확하게 우리의 바로 위에 있을 때 일어나야 할 것이다. 그러나 바닷가에 가본 사람들이라면 모두 알고 있듯이 바닷물은 약 25시간 동안 두 번 밀물이 되고 또 두 번 썰물이 된다.

사실을 말하자면 조석현상에는 달의 중력뿐 아니라 달과 지구와 태양의 운동이 함께 영향을 미친다. 달의 직접적인 인력은 달을 향하고 있는 지구 측면에 밀물을 일으킨다. 이런 밀물의 높이는 몇 십 센티미터 내외이다. 한편 지구는 하루에 한 번씩 자전을 하므로, 밀물 현상이 바닷가 가까이에서는 해안의 형태에 따라 다양하게 해수면을 상승시킨다. 그 높이는 좁은 하구에서는 몇 미터에 이르기도 한다. 그리고 지구가 계속해서 회전을 하면서 해수면의 높이는 다시 낮아진다.

달의 중력은 사실 약하다. 물론 달의 중력이 바닷물과, 경우에 따라서는 단단한 지표면까지도 약 30센티미터나 오르내리게 만들지만 일반적으로 우리는 그런 것을 전혀 느낄 수 없다. 이렇게 밀물과 썰물 때에 생기는 해수면 높이의 차는 태평양같이 넓은 바다에서 볼 수 있지, 호수나 연못에서는 밀물과 썰물이 없다. 마찬가지로 발트해와 지중해와 같은 내륙 해에서도 이런 현상을 거의 감지할 수 없다. 또한 북해에서 보는 밀물은 실질적으로 대서양의 바닷물이 오르내림으로써 생기는 것이다.

달은 지구의 주위를 공전한다. 따라서 이 글의 제목처럼 썰물과 밀물이 일어나는 것이 오직 달 때문이라면 달과 가장 먼 쪽에 있는 지구 반대쪽에서 밀물이 일어나는 것은 이해할 수 없는 일이 될 것이다. 그러나 달과 지구는 공통의 무게중심을 두고 돌아가는 일종의 댄스 커플이라고 볼 수 있다. 이 공통의 무게중심이란 지구의 핵이 아니다. 지구는 달보다 질량이 훨씬 크기 때문에 이들의 질량 중심은 지구 내에, 곧 달을 향하고 있는 지구 표면 아래 약 1,600킬로미터 되는 곳에 놓여 있다. 지구와 달은 이 무게중심의 반대편에서 서로 돌고 있다. 빠른 춤을 추어 본 사람은 이런 동작을 할 때 밖으로 끌리는 힘이 있다는 것을 알고 있다. 달을 등지고 있는 면의 바닷물도 바깥 방향으로 쏠리는 원심력을 느낀다. 바로 여기서 바닷물이 두 번째 밀물을 일으킨다. 그리고 이때도 지구는 여전히 자전하고 있다.

한편 태양의 인력은 먼 거리 때문에 그 영향

력이 달이 끼치는 힘의 반 정도밖에 되지 않는다. 그럼에도 불구하고 태양이 조석 현상에 한 가지 역할을 하고 있는 것은 분명하다. 지구와 달에 대한 위치에 따라 태양은 이런 조석 현상을 강화시키거나 약화시킨다.

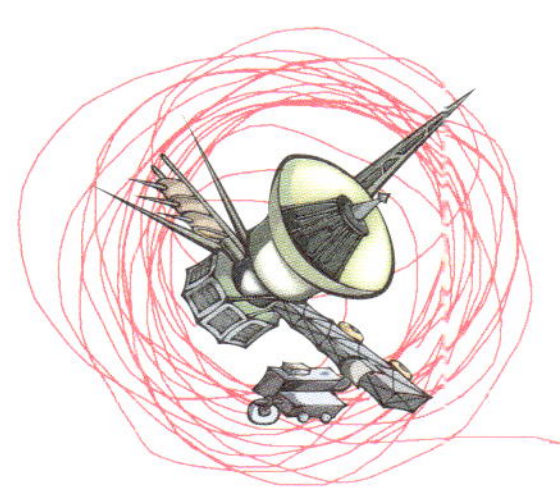

달은 자전하지 않는다?

우리가 보는 달의 모습은 늘 똑같다. 그렇게 보면 달은 지구 주위를 공전할 뿐, 지구처럼 자전하지는 않는 것 같아 보인다. 달은 오직 공전만 하는 것일까?

흔히 그렇게 보인다. 왜냐하면 오랜 세월 동안 달은 지구 주위를 공전할 때 우리에게 언제나 같은 면을 보여주었기 때문이다. 그래서 사람들은 도대체 달의 뒷면은 어떤 모습일지 궁금해했다. 인류가 달의 뒷면을 처음으로 본 것은 옛 소련(지금은 러시아)의 달 탐사선인 루나 3호가 달의 주위를 돌아서 달 뒤편의 모습을 촬영하여 지구로 전송했던 1959년이었다. 달 뒤편의 겉모습은 앞면과 비슷했다. 단지 더 심하게 울퉁불퉁한 흔적들이 있었으며 크레이터로 뒤덮여 있었고, 어두운 부분은 거의 없었다.

그러나 우리가 언제나 달의 앞면만을 본다고 해서 달이 자전을 하지 않는다는 뜻은 전혀 아니다. 탁자 위에 꽃병 하나를 올려 놓고 실험을 해 보자. 꽃병은 지구를 표현한다. 그리고 여러분이 달의 입장이 되어 직접 탁자의 주위를 돌아보되 언제나 얼굴은 꽃병을 향하고 있어야 한다. 여러분이 탁자 주위를 한 번 도는 동안(공전하는 동안) 여러분 자신도 한 번 스스로 자신의 축을 중심으로 돌게 된다(자전한다).

달은 위와 같은 방식으로 공전과 자전을 하고 있는데, 이를 '동주기자전'이라고 부른다. 곧 달은 지구를 중심으로 한 바퀴 도는 데 걸리는 시간 동안 스스로 한 바퀴 자전한다. 달의 공전 주기와 자전 주기는 27.3일로

같다. 이런 일이 일어날 수 있는 것은 우연이 아니라, 지구와 달 사이에
작용하는 만유인력 때문이다. 만유인력은 원래는 더 빨랐던 달의 자전 주
기에 영향을 미쳐서 공전 주기와 같도록 작용했다.

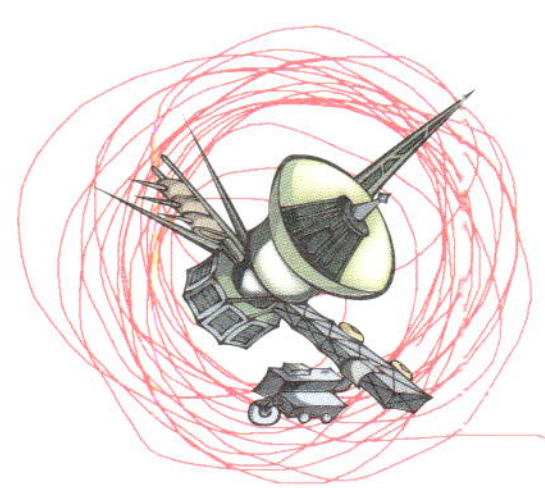

지구는 언제나 똑같은 빠르기로 회전한다?

지구가 한 번 자전하는 데 걸리는 시간은 24시간이다. 그래서 하루도 24시간이다. 이것은 불변의 진리다. 그런데 아주 먼 옛날에는 하루가 23시간이었다고 한다. 어떻게 이런 일이 가능했을까?

수천 년 동안 지구의 자전은 인간에게 가장 중요하고 동시에 가장 정확한 시간 측정 도구였다. 잘 만들어진 추시계도 그 정확성에서는 자전하는 우리의 행성에 대적할 수 없다. 시간을 측정하는 기구는 끊임없이 발전해 왔다. 오늘날 우리가 사용하는 시계 중에는 원자시계라는 것이 있는데, 이 시계는 특정한 원자의 지속적인 진동을 시간 단위로 이용하여 3천만 년 동안에 겨우 1초가 틀릴 정도로 정확하다.

과학자들이 원자시계로 지구의 자전 시간을 측정했을 때 깜짝 놀랐다. 지구가 생각했던 것보다 정확한 시계가 아니었기 때문이다. 여름의 하루가 겨울보다 조금 더 길다. 그 원인은 피겨 스케이트 선수들의 회전 동작에서 볼 수 있는 피루에트 스케이트나 발레에서 한 쪽 발끝으로 서서 돌기 효과 때문이다. 피겨 스케이트 선수들이 우아한 자세로 팔을 길게 뻗으면 몸이

점점 느리게 회전하고, 반대로 팔을 몸 안쪽으로 당기면 다시 회전 속도가 빨라지는 것을 TV에서 보았을 것이다. 이처럼 팔을 길게 뻗으면 회전 속도가 느려진다.

그렇다면 지구의 여름이 겨울보다 길게 만든 지구의 '팔'에 해당하는 것은 무엇일까? 믿기 어렵겠지만 지구에서는 나뭇잎들이 바로 그런 역할을 한다. 여름에는 나뭇잎들이 몇 미터 높이의 가지들에 매달려 있고, 겨울에는 낙엽이 되어 바닥에 떨어진다. 이러한 작은 높이의 차이가 측정이 가능할 정도의 영향을 미친다. 물론 우리가 겨울일 때 남반구의 나라들은 여름이므로 사실 전체적으로 서로 비슷하게 되어 나뭇잎 효과가 나타나지 않아야 한다고 생각할 수도 있을 것이다. 그러나 남반구에는 토지의 면적이 훨씬 적다. 그러므로 나무들의 수도 훨씬 적다는 것을 기억해야 한다.

학자들은 이러한 규칙적인 요인과 함께 점점 길어지는 하루의 길이와 관련해서 또 다른 사실을 알아냈다. 바로 지구 자전의 속도가 점점 감소하고 있다는 점이다. 지구는 하루에 두 번의 밀물이 일어나는 동안 그 영향을 받으면서 속도가 느려지고 있다. 그로 인해 하루의 길이는 십만 년 동안 약 1.6초 정도 길어진다. 그러므로 아주 옛날 공룡시대에는 하루가 약 23시간에 불과했다는 뜻이다.

원자시계 원자나 분자가 내보내거나 흡수하는 전자기파의 주기가 일정하다는 성질을 이용해 만든 시계이다.

태양과 달 그리고 별은 눈으로 볼 수 있기 때문에 보이지 않는 먼 나라보다 오히려 가깝게 느껴진다. 그렇다면 실제로 이런 별들은 우리와 얼마나 멀리 떨어져 있을까?

우주에서 다루는 거리의 단위와 그 실제 거리는 우리의 상상을 훨씬 뛰어넘는 일이다. 지구에서도 우리는 같은 문제점을 경험할 수 있다. 예를 들어, 우리가 지금 살고 있는 곳에서부터 국내의 어느 도시까지의 거리와 미국의 뉴욕과 같은 먼 나라의 도시까지의 거리는 얼마나 차이가 있을까? 우리는 그 거리를 킬로미터 단위를 이용하여 숫자로 나타낼 수 있다. 하지만 그런 거리를 상상해서 비교하면 훨씬 멀리 느껴진다.

지구의 어떤 두 장소 사이의 거리는 가장 멀어도 약 20,000킬로미터 정도이다. 그러나 우리와 가장 가까운 달은 지구로부터 약 380,000킬로미터 떨어져 있고, 태양까지는 1억 5천만 킬로미터나 된다. 또 다른 예로 가장 가까운 별인 알파 센타우리는 지구와 약 40조 킬로미터나 떨어져 있다. 달까지는 3일이면 갈 우주선이 이웃 별에 방문하기 위해서는 90만 년이 걸린다는 뜻이다! 따라서 달, 태양까지의 거리에 비하면 별까지의 거리는 훨씬 멀고, 이에 비하면 지구 안에서 다른 도시까지의 거리는 새발의 피라고 할 정도로 아주 가깝다.

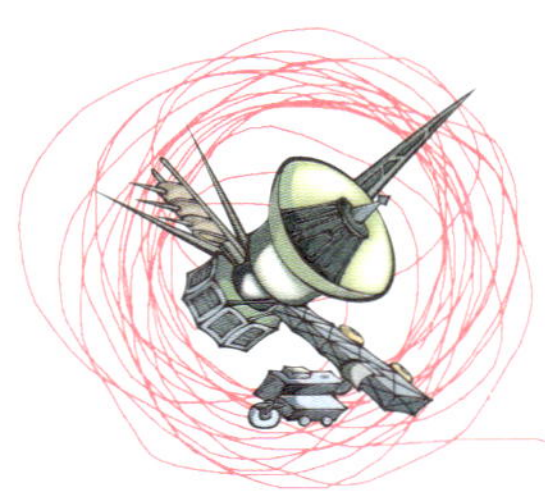

행성들의 이름은 대부분 그리스 신의 이름을 따서 지었다.
그 이유는 그 행성들이 모두 그리스 신화가 중시되던 시대에 발견되어서였을까?
아니면 꼭 신의 이름을 붙이도록 규정해 놓은 것일까?

옛날에는 수성, 금성, 화성, 목성, 토성 등 태양계 행성들을 신과 동일시한 시대가 있었다. 행성들은 마치 신에게 어울리는 모습으로 차분하게 빛을 냈으며, 주위 별들과는 다르게 각자의 일정한 궤도를 따라 돌았다. 사람들은 이러한 움직임을 보고 행성이 마치 자신의 의지대로 움직이는 것이라 보았고, 신의 움직임을 상상했다. 또한 태양과 달을 포함하여 행성들의 숫자가 모두 7개라는 사실도 행성에 신성을 부여하는 근거가 되었다.(당시에는 천왕성, 해왕성, 명왕성이 발견되지 않았다.)

물론 당시에는 행성들의 전체적인 구도가 오늘날과 달랐다. 수성, 금성, 화성, 목성 그리고 토성과 함께 태양과 달도 행성으로 보았으며 지구는 행성으로 여기지 않았다. 당시의 시각에서 지구는 하늘 위에서 움직이

는 것이 아니라 우주의 중심에서 가만히 있었기 때문이다.

그러나 시간이 흐르면서 행성들은 신적인 특성을 벗기 시작했다. 16세기, 코페르니쿠스는 행성의 숫자를 6개로 줄였다. 태양은 행성이 아니라 별(항성)이라는 사실을 알았기 때문이다.

그러나 1781년부터 행성과 신을 연관시키는 경향이 다시 나타났다. 아마추어 천문학자인 윌리엄 허셜이 새로운 행성을 발견했는데, 이 행성은 토성의 건너편에서 자신의 궤도를 따라 돌고 있었다. 수천 년 만에 처음으로 발견한 새로운 행성이었다!

물론 허셜은 이 행성의 이름을 짓는데 고대의 신들을 끌어들이려는 생각은 전혀 없었다. 그는 당시의 왕인 조지 3세를 기리기 위해 '게오르기움 시두스Georgium Sidus, 조지의 별' 라는 이름을 붙이려고 했다. 그러나 다른 천문학자들이 이에 반대했다. 그들은 전통적인 이유에서 신화에 근거한 이름을 지으려고 했고 '토성Saturn의 아버지'를 의미하는 이름으로 '천왕성Uranus' 이라는 이름에 합의하였다.

그리고 1845년에 훨씬 더 멀리서 공전하는 또 하나의 행성이 발견되었을 때는 바다 신의 이름을 따서 '해왕성Neptun' 이라고 지었다. 그리고 1930년에 발견된 명왕성이 특별히 태양과 멀리 떨어져서 도는 천체로서 로마의 지하 세계 신의 이름Pluto을 얻게 된 것도 그런 경향이었다.

오늘날 국제천문연맹(IAU)은 천체들에 대한 이름 짓는 작업을 감독한다. 이대는 물론 발견자의 특별 제안권이 가장 우선적으로 존중된다. 행성들의 이름을 짓는 일과 연관된 문제점은 그 어느 때보다도 시급하다. 지난 몇 년 동안 이미 열 두서너 개의 태양 위성들이 확인되었고 그런 발견은 계속될 것으로 보인다.

한편 우리는 행성의 이름 붙이는 작업을 우리만의 안경을 끼고 생각한다. 그런데 다른 문화권의 사람들도 당연히 눈에 띄는 그 행성을 알고 있을 것이고 그들 나름대로의 이름을 붙인다. 각 나라마다 다른 행성들의 이름은 다음의 사이트에서 찾아볼 수 있다.

http://www.nineplanets.org/days.html

국제천문연맹(IAU) 천문학자들의 학술단체이다. 천문학을 더 열심히 연구하기 위한 목표로 1919년 설립되었다.

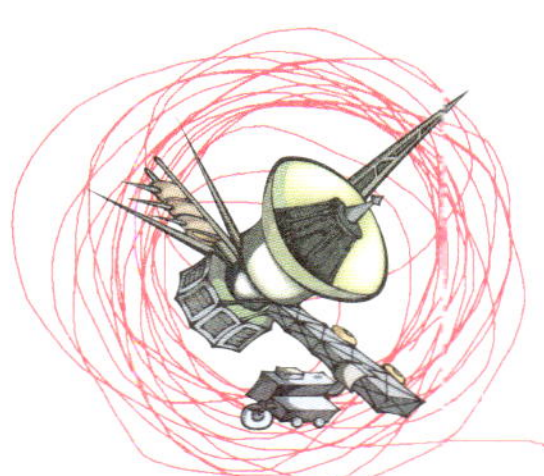

토성의 고리는 대형 망원경을 통해 언제나 관측할 수 있다?

옛날 학자들은 일반 사람들이 알아듣지 못하는 라틴어로 대화하기를 즐겼을 뿐 아니라 자신이 발견한 내용을 철자를 뒤바꾸어 배열하는 방식으로 암호화하는 일도 자주 했다. 학자들이 이런 방법을 택한 것은 새로운 지식이 누설되는 것을 막고 지적우선권을 보호하려는 것이었다. 토성의 고리에 관한 내용도 이런 방식으로 기록된 경우였다.

이탈리아의 천문학자인 갈릴레오 갈릴레이는 1610년에 아주 간단한 망원경을 통해 토성을 관찰하고 그 형태를 보고 감탄했다. 토성은 다른 전형적인 행성들과 달리 전혀 둥그렇지 않고 두 개의 귀 혹은 손잡이가 있는 것처럼 보였다. 그는 그런 내용을 철자를 뒤바꾸는 방식으로 기록했다. "나는 가장 위에 있는 행성을 세 가지 형태로 관찰하였다." 그리고 암호화된 상태로 발표했다. 그런데 갈릴레이는 나중에 이런 '손잡이'가 다시 사라진 것을 관찰하고는 많이 놀랐다. 그 후 몇 년 동안 다른 학자들도 이와 비슷한 경험을 하게 되었다. 대부분 토성은 특이한 '귀'를 가지고 있는 듯이 보이지만, 때로는 그런 귀가 보이지 않았다. 도대체 하늘에서 무슨 일이 벌어지고 있었을까?

이 수수께끼의 해답은 1656년에 네덜란드의 젊은 천문학자 호이겐스가 성능이 개선된 천체망원경을 이용해서 알아냈다. 그는 토성이 폭이 넓은, 그러나 지극히 두께가 얇은 하나의 고리로 둘러싸여 있다는 것을 알아냈다. 그런데 이 고리가 때때로 얇은 모서리를 우리 쪽으로 향하게 하면 보이지 않게 된다. 이런 내용도 역시 철자 바꾸기 방식으로 암호화하여 발표했다. "토성은 얇고, 평평한 하나의 고리로 둘러싸여 있고, 이 고리는 토성의 어디와도 닿지 않고 타원형으로 기울어져 있다."

지난 수십 년 동안 태양계를 탐사한 우주탐사선들이 토성의 고리에 관한 환상적인 사진들을 지구로 전송했다. 사진에 따르면 토성의 고리는 수천 개의 개별적인 고리들로 이루어져 있고 각각의 고리들은 작은 바위 암석과 얼음 조각들로 이루어진 구름과 같았다. 토성의 전체적인 고리 구조

토성 태양계의 여섯 번째 별로 목성 다음으로 크다. 크기는 크지만 밀도는 행성 중에서 가장 작다. 적도 둘레에 여러 개의 고리가 있는 것으로 유명한데, 이 고리들은 고르게 퍼져 있지 않고 밝기도 서로 다르다. 약 30년에 한 번 태양 둘레를 공전한다.

picture & tip

*호이겐스(1629~1695) : 네덜란드 물리학자이며 천문학자이다. 간단하고 해상도가 높은 망원경을 개량해 토성의 고리와 토성의 가장 큰 위성인 타이탄을 발견했다. '호이겐스의 원리'로도 유명하다.

는 총 지름이 400,000킬로미터에 이르지만 놀랍게도 그 두께는 500미터
에 불과하다.

대부분의 경우 우리는 지구로부터 비스듬하게 위 혹은 아래로 이 고리
들을 브게 된다. 토성의 공전 주기인 25.9년 동안 고리의 모서리들은 두
번 우리 쪽을 향하게 된다. 그리고 이 부분은 대단히 얇아서 지구에 있는
최상의 망원경으로도 보이지 않는다. 만약 우리가 토성의 고리를 축소해
서 마치 그 두께가 한 장의 종이와 비교할 수 있다면 고리의 평면은 축구
장과 같다고 말할 수 있다.

여름에는 지구가 태양과 더 가까운 곳에 있다?

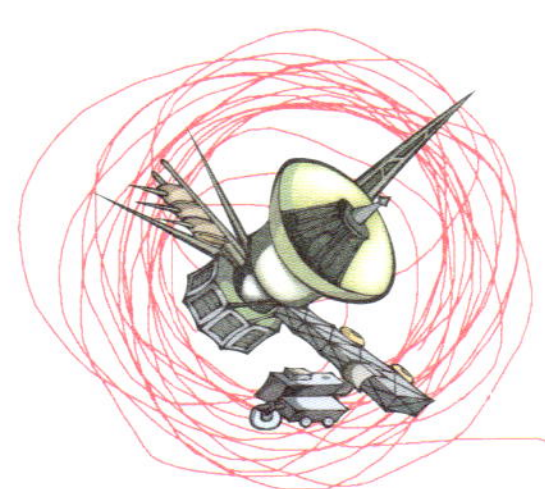

　　여름에는 지구가 태양과 더 가까운 곳에 있어서, 여름에는 덥고 겨울에는 춥다? 언뜻 논리적으로 들린다. 그러나 사실은 그렇지 않다. 남반구의 상황은 정확하게 그 반대이기 때문에 이런 설명은 옳지 않다. 우리가 여름에 해변에 누워 있을 때 뉴질랜드 사람들은 해가 짧고 추운 날들을 보내고, 이와 반대로 한여름에 크리스마스를 맞이한다.

　　지구와 태양 사이의 거리는 계절과 아무런 상관이 없다. 실제로 그 거리가 항상 일정하지는 않은데, 그 이유는 지구의 공전 궤도가 단순한 원이 아니라 타원형이기 때문이다. 그러나 특이하게도 1월에 지구가 태양과 가장 가까운 점에 이르고 이때는 뜨거운 태양과의 거리가 1억4천7백만 킬로미터가 된다. 이와 반대로 6월에는 거리가 멀어져 1억5천2백만 킬로미터가 된다. 그러나 기온의 차

이를 설명하기에는 이런 차이가 너무 작다.

　사실 계절의 변화는 비스듬한 지구의 축 때문에 생긴 결과이다. 곧 지구의 중심축은 공전 궤도면에 수직으로 놓여 있는 것이 아니라 약간 비스듬하게, 23.5도의 각도로 기울어져 있다. 때문에 특정한 시기에는 태양 광선이 북반구에 더 강렬하게 닿아서 우리가 여름을 맞게 된다. 반년이 지나서 지구가 궤도에서 반대쪽 부분에 도달하면 남반구가 더 강한 햇빛을 받게 되고 우리가 있는 곳은 겨울이 된다.

지구는 우주의 중심에 정지해 있다?

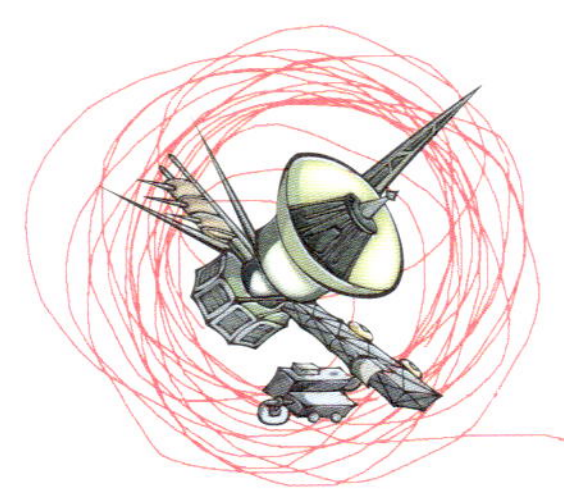

사람들은 수천 년 동안 지구가 우주의 중심이라고 확신했다. 하늘에 있는 태양, 달 그리고 별들의 움직임은 누구나 관찰할 수 있지만 지구의 움직임은 거의 느낄 수 없기 때문에 사람들은 지구가 그 중심에 정지해 있음이 틀림없다고 믿었다. 기원전 350년경, 쿠니도스 출신의 에우독소스와 같은 학자들은 지구를 우주 중심에 가만히 두고, 행성들의 복잡한 운동을 서로 얽히고 얽힌 원의 궤도로 설명하려고 시도했다.

그러나 모두가 지구를 우주의 중심이라고 믿었던 것은 아니다. 그리스 철학자 중 일부는 지구 대신에 태양을 우주 중심에 놓고 생각했다. 이들 중에서 가장 천재적이었던 사람이 기원전 310년부터 기원전 230년까지 살았던 사모스의 아리스타르코스였다. 그는 최초로 태양 중심의 체계를 천문학적인 증거를 들어서 입증했다. 그의 이론을 통해 행성들의 움직임을 이전보다는 간단하게 설명할 수 있었다.

그러나 아리스타르코스의 새로운 우주관은 소위 '건전한 인간 이성'으로 사고하는 다른 철학자들에 의해 무시되었다. 특히 당시 최고의 자연철학자인 아리스토텔레스가 그의 이론에 의문을 제기했고, 그는 우리가 태양의 주변을 돌고 있는 지구에 있다면 항성들의 작은 움직임이 보여야 한다고 주장했다. 아리스타르코스는 그러기에는 항성들이 너무 멀리 있다고 반박했지만 아리스토텔레스는 이를 인정하지 않았다.(여기서 두 사람은 다 옳았다. 그러나 1837년에야 비로소 사람들은 이런 항성들의 작은 움직임을 증명할 수 있었다.) 결국 아리스토텔레스의 권위가 승리했고 그의 생각은 중세 기독교 사상에 잘 들어맞아 오랜 세월 동안 교회의 지지를 받으며 서양 과학사의 중심에 있었다.

그렇게 지구는 세상의 중심으로 남아 있었다. 코페르니쿠스와 케플러가 태양을 중심에 내세우고 지구를 우주의 중심으로부터 내몰기 전까지는 말이다.

picture & tip

*아리스타르코스(BC310?~BC230?) : 지동설을 최초로 주장한 그리스 천문학자이다.

우주복은 공기가 새지 않는다?

달에 착륙한 우주비행사의 모습을 보면 다른 장비 없이 단지 우주복 하나만 입고
우주 공간을 걸어 다닌다. 우주복을 입은 우주비행사는 안전하게
자신의 임무를 수행한다. 이 우주복에는 어떤 첨단 기능이 있는 것일까?

우주 공간은 아주 황폐한 곳이다. 보호 장비를 갖추지 않은 사람은 15초 안에 의식을 잃는다. 피는 약한 대기압으로 끓어오르기 시작하고, 피부 세포에 있는 액체가 피부를 알아볼 수 없는 형태로 부풀린다. 거기다가 걸러지지 않은 태양빛이 피부를 태우고, 반면에 태양을 등지고 있는 쪽의 신체 부분은 얼려 버린다. 이런 모든 위험을 한 벌의 우주복이 막아 주어야 한다. 그리고 우주복은 많은 시간 동안 우주비행사에게 편안한 집이 되어야 하고, 산소와 영양분을 공급해야 하며, 몇 가지 행동을 가능하게 해야 하고, 외부와 무선 통신을 할 수 있게 해야 한다. 또한 우주복은 여러 가지 '임무'를 수행하기 위한 장비들을 갖추고 있어야 한다.

그래서 우주복은 현대 과학의 기적이라 표현할 수 있다. 우주복은 여러 겹의 특수 제작된 질긴 인공 소재로

만들어졌으며 튼튼하면서 동시에 공기가 새지 않게 되어 있다. 그럼에도 불구하고 이 옷은 산소 탱크와 생명 유지 장비가 들어 있는 배낭을 포함해서 85킬로그램밖에 되지 않는다.

물론 이 옷이 공기를 100% 새지 않게 할 수는 없다. 시간당 약 5~6리터의 공기가 바늘 구멍 사이와 관절 부위에 생기는 빈틈으로 새어들어 와서 공기가 없는 공간으로 퍼진다. 하지만 이런 정도로 크게 위험하지는 않다. 산소가 충분히 공급되고 있기 때문이다. 따라서 달 탐사나 우주 왕복선 티행과 같은 경우에는 별로 문제가 되지 않는다. 지구에서 충분한 양의 산소를 가져갈 수 있기 때문이다.

그러나 화성 탐사는 전혀 다른 상황이 될 수 있다. 화성으로 여행하거나 그 곳에서 임무를 수행하기 위해서는 수개월이 걸리기 때문이다. 그러므로 산소의 양을 최대한 줄여야 한다. 미국의 우주항공국인 나사(NASA)는 특수한 화성용 우주복을 개발하고 있다. 이 우주복은 가볍고, 도처에서 스며들어 올 미세 먼지들을 막아주어야 하며, 무엇보다도 최대한 공기가 새지 않아야 한다.

picture & tip

*공기가 새지 않는 우주복

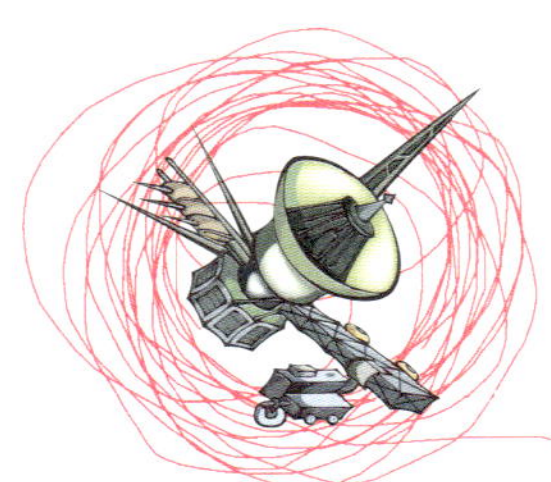

인공위성은 무중력 상태에서 돌고 있다?

인공위성은 어떻게 지구 주위를 돌 수 있을까? 지구에서 원격조종기로 조종하고 있는 것일까, 아니면 우주가 무중력 상태라 그저 둥둥 떠 있는 것일까?

많은 사람들은 인공위성이 무중력 상태에서 돌기 때문에 아래로 떨어지지 않는 것이라고 생각한다. 그러나 실제로는 그 반대라고 할 수 있다. 우주정거장과 인공위성이 지구의 중력에 의해 계속 아래로 떨어지기 때문에 그 곳에 무중력이 지배하는 것이다. 만약 어떤 우주정거장이 약 400킬로미터의 높이에 가만히 떠 있는데, 이것이 대형 돛의 끝에 고정되어 있기 때문에 떠 있는 것이라고 가정한다면 그 곳에 있는 사람들은 지구의 중력을 느낄 것이다. 단지 그 힘이 땅에서보다 약 10% 정도 더 적을 뿐이다.

반대로 사람들은 땅 가까이에서 무중력 상태를 경험할 수 있다. 예를 들어 엘리베이터를 타고 빠른 속도로 내려올 때는 중력을 느끼지 않는다. 뿐만 아니라 낙하산을 타거나 번지 점프를 해 본 사람들은 이런 느낌을 잘 알 수 있다.

다시 말해서 우리가 힘을 느끼는 것은 주어진 힘에 저항할 때이다. 아이들도 벌써 그런 것을 알고 있다. 줄다리기를 할 때 우리는 힘을 많이 들여야 한다. 그러나 한 편이 더 이상 저항하는 것이 소용없다고 여겨서 줄을 놓아 버리면 다른 팀은 쿵 넘어지게 된다.

　실제로 인공위성이나 지구의 주위를 도는 우주정거장은 자유 낙하 중이다. 하지만 우리 눈에는 이들이 지구의 중심 방향으로 떨어지는 것이 아니라 원형의 궤도를 그리며 회전하고 있는 것처럼 보인다. 이러한 차이가 생기는 까닭은 인공위성이나 우주정거장이 지구를 중심으로 회전 운동을 하고 있어, 지구 중력에 의해 밑으로 떨어지는 만큼 다른 곳으로 회전을 하기 때문에 그 높이를 계속 유지하고 있는 것이다. 마치 위로 던진 돌이 수직으로 바닥을 향해 떨어지는 것이 아니라 곡선을 그리며 떨어지는 것과 같다. 인공위성의 경우는 그 곡선이 대단히 커서 지구 표면과 수평 방향을 따라 회전하는 것이다.

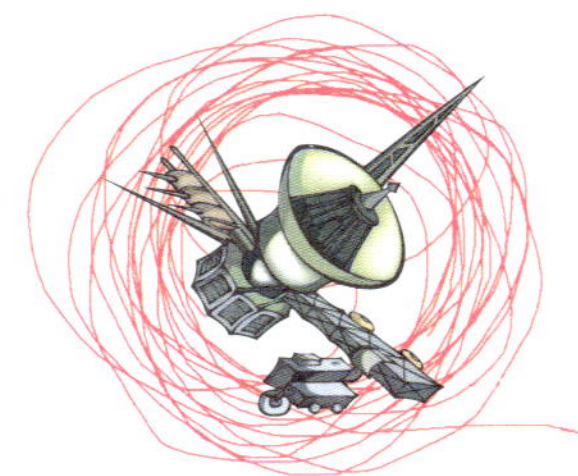

지구는 둥근 구형이다. 그러나 우리 눈에는 둥근 원반처럼 보인다.
지구가 둥근 구형이라는 증거는 무엇일까?

옛날 사람들은 자신들이 살고 있는 공간을 하나의 원반으로 여겼다. 특히 태양, 달, 별이 있는 하늘은 둥근 천장을 이루고 있는 원반이라고 믿었다. 어떤 사람들은 파란 하늘을 보고 낮에는 태양이 밤에는 별들이 헤엄치는 바다라고 생각했다. 성경에서 여호와가 '하늘의 물'을 지구 위로 흐르게 했다는 대홍수 전설에서 이런 생각들이 다시 나타난다.

기원전 5세기 말엽이 되어서야 비로소 그리스의 피타고라스 학파는 모든 천체와 지구도 사실은 구형이라고 주장했다. 그러나 그들이 이런 결론을 내린 것은 정밀한 관측을 통해서가 아니라, 단지 구형의 모양이 모든 기하학적 형태 중에서 가장 완전한 것이라고 여겼기 때문이다. 결국 피타고라스 학파는 아주 우연

히 진실을 주장하게 된 셈이다.

그러나 곧이어 나온 관측 결과들을 통해 다른 학자들도 이런 구형 모델에 대한 주장을 믿게 되었다. 기원전 350년경에 그리스의 철학자 에우독소스는 사람들이 남쪽으로 멀리 갈수록 밤하늘의 별들이 뜨는 최고점이 점점 더 천정에 가까워진다는 것을 알아냈다. 그는 최초로 지구의 지구를 본떠 만든 작은 지구 모형를 제작했으며 지구의 둘레도 44,000킬로미터라고 예측했는데, 오늘날 인공위성으로 측정한 거리와 크게 차이가 나지 않을 정도로 정확하다.

기원전 330년경, 그리스 최고의 철학자 아리스토텔레스는 구형 모양의 지구에 대한 수많은 증거를 제시했다. 수평선에서 배가 나타날 때 돛대 끝을 제일 먼저 보게 되는 것, 월식 때 달에 생기는 지구의 그림자가 언제

picture & tip

*피타고라스(B.C.570년경) : 그리스의 철학자이자 수학자이다. 만물은 수로 이루어져 있다고 생각했기 때문에 여러 가지 수의 성질에 대해 연구했다. '피타고라스의 정리'를 최초로 수학적으로 증명했다.

*콜럼버스(1451~1506) : 이탈리아 탐험가다. 스페인의 지원을 받아 인도로 가는 신항로를 개척하기 위해 대서양 쪽으로 돌아가다 아메리카 대륙을 발견했다.

나 원형인 것 등이었다. 아리스토텔레스의 세계관은 근대까지 진실로 여겨졌다. 때문에 1492년에 콜럼버스가 서쪽을 향해 항해를 시작했을 때, 지구가 원반 모양이라는 주장은 과학자들에게 더 이상 인정되지 않았다.

당시의 과학자들은 콜럼버스가 구형의 지구를 믿는 것에 대해 비난을 했던 것이 아니라, 그가 지구를 너무 작게 평가했던 것을 비난했다. 그리고 당시의 과학자들의 생각은 옳았다. 사실 콜럼버스에게는 그가 마침 도달할 수 있는 거리에 아메리카가 놓여 있었던 것이 대단한 행운이었을 뿐이다.

일식을 관찰하려면 어떤 방법이 있을까? 햇빛을 막아주는 선글라스라면 도움이
되지 않을까? 정말 선글라스를 끼면 일식 현상을 관찰할 수 있을까?

그 대답은 버섯을 비유해서 말할 수 있다. 우리는 모든 버섯을 먹을 수
있지만, 어떤 것들은 단 한 번밖에 먹지 못한다. 독버섯의 경우, 그것이
마지막이 될 테니까 말이다.

물론 일식 현상은 선글라스를 끼고 볼 수 있다. 그러나 그렇게 하지 않
는 것이 좋다. 더구나 오랜 시간 보는 것은 절대 하지 말아야 한다. 선글
라스는 날씨 좋은 날, 햇빛이 밝은 해변이나 산꼭대기에서 눈부심을 가리
기 위해 쓰는 것이다. 그런데 태양은 일반적인 선글라스를 끼고 보기에는
그 밝기가 너무 강해서 눈이 다치게 된다. 다시 말해, 독버섯을 먹는 것과
같은 경우가 될 수도 있다. 눈을 다쳐 다시는 세상을 보지 못할 수도 있기
때문이다.

더욱 위험한 경우는 질이 좋지 않은 선글라스를 끼고 보는 것이다. 이
런 선글라스들은 태양 에너지가 강한 자외선을 충분히 차단하지 못한다.
이런 선글라스는 쓰지 않은 것보다 눈에 훨씬 더 나쁜 영향을 끼친다. 질
이 나쁜 선글라스는 오히려 우리 눈의 동공을 확대시키는 효과를 주고,
그렇게 되면 우리에게는 보이지 않는 자외선이 그대로 눈의 내부로 들어
와 망막을 파괴하기 때문이다. 자외선을 잘 차단하는 선글라스라도 결코

태양을 관찰하기에는 충분하지 않다. 태양에서 오는 적외선이 예민한 눈의 내부를 자극함으로써 눈의 시신경을 손상시키기 때문이다.

태양 관찰을 위해 만들어진 특별한 안경은 따로 있다. 이런 안경들이 처음 대량으로 등장한 것은 1999년에 개기일식을 관찰하기 위해서였다. 이 선글라스는 일반적인 선글라스보다 훨씬 적은 빛을 통과시키는 특수한 기능을 가지고 있기 때문에, 눈에 피해를 주지 않고 일식을 관찰할 수 있다.

또한 절대로 망원경을 통해서 태양을 보지 말아야 한다. 망원경은 볼록 렌즈와 같은 작용을 하여 질이 나쁜 선글라스보다 눈에 훨씬 큰 피해를 주므로, 심할 경우에는 실명할 수도 있다. 갈릴레오나 뉴턴과 같은 위대한 과학자들도 한때 이런 점을 무시하고 망원경으로 태양을 관측하다 눈을 심하게 다쳐 오랫동안 고생한 적이 있다.

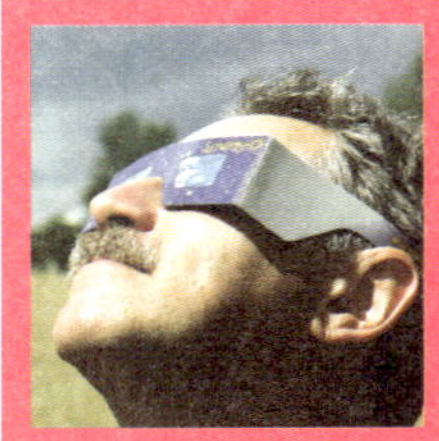

picture & tip

*일식 관찰을 위한 특수 안경

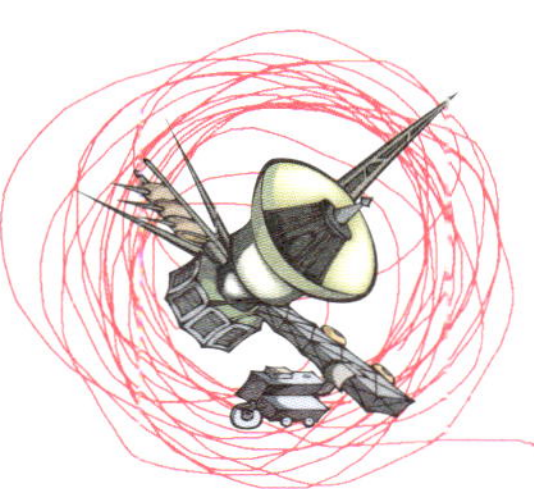

대부분의 유성들은 저녁 때 볼 수 있다?

별똥별이라 부르는 유성을 보면서 소원을 빌면 그 소원이 이루어진다고 한다.
그렇다면 언제 하늘을 지키고 있어야 유성을 잘 볼 수 있을까?

잠자리 들기 전에 밤하늘을 관찰하는 일이 한밤중에 일어나서 관찰하는 것보다는 훨씬 편하다. 한번 잠자리에 들었다가 다시 일어나는 일은 쉽지 않기 때문이다. 그러나 가능한 많은 유성을 보고 싶은 사람은 밤을 두 부분으로 나누어, 그 두 번째 밤에 관찰하는 것이 훨씬 유리하다.

유성은 우주에서 떨어지는 불타는 작은 먼지 덩어리다. 이런 유성은 초속 10에서 70킬로미터의 속도로 대기권에 돌입한다. 이때 유성들은 대기권을 이루고 있는 공기와 심한 마찰을 일으켜 약 3,000℃ 정도로 뜨거워지면서 연소하므로 빛을 내게 된다. 유성을 이루는 먼지 덩어리는 뜨거운 열에 의해 빠른 속도로 증발하므로, 우리는 아주 잠깐 하늘에 남는 빛의 흔적으로 유성을 관측하게 된다.

한편 지구도 초속 약 30킬로미터의 속도로 태양을 중심으로 공전 궤도를

그리며 돈다. 이때 지구는 태양 주위를 도는 우주 먼지나 작은 암석 조각들이 모여 있는 곳을 지나가기도 한다. 그런데 지구는 공전을 하면서 자전을 하기 때문에 지구가 어떤 상태에서 그런 덩어리들과 충돌하는가에 따라 상황이 달라진다.

지구 안의 관찰자는 마치 눈보라 속에 있는 자동차 운전자와 동일한 상황에 처하게 되기 때문이다. 운전자가 자동차의 전면 유리를 통해 밖을 내다보면 눈발이 대부분 그를 향해 날아 와서 앞 유리창에 쌓이지만 뒤쪽을 바라보면 눈발이 훨씬 적어 보이고 뒤쪽 유리창의 반쯤은 눈이 쌓이지 않은 채 남아 있다.

저녁 하늘에서 별을 보는 것은 마치 자동차의 뒤쪽 유리창을 통해 보는 것과 같다. 반면에 늦은 밤이나 새벽녘에는 자동차의 앞쪽 유리를 통해 부딪치는 눈발을 보는 것처럼 지구의 대기권에 정면으로 충돌하는 먼지 입자나 작은 암석 조각들을 볼 수 있다. 새벽 6시경이 되면 이런 현상이 최고점에 이른다. 따라서 해가 늦게 뜨는 겨울철에는 밤보다 새벽이 유성을 관찰하기에 훨씬 좋다.

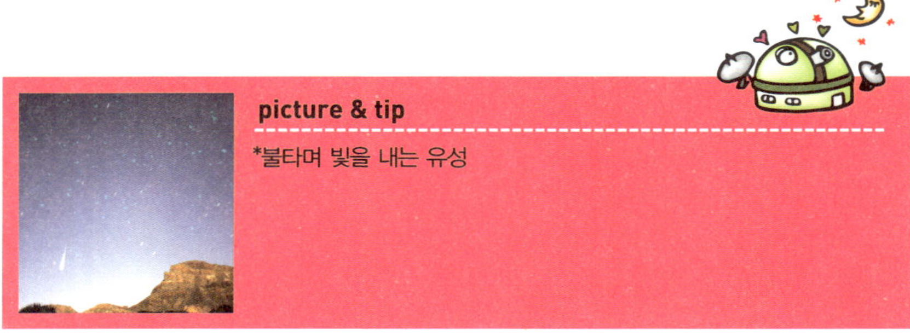

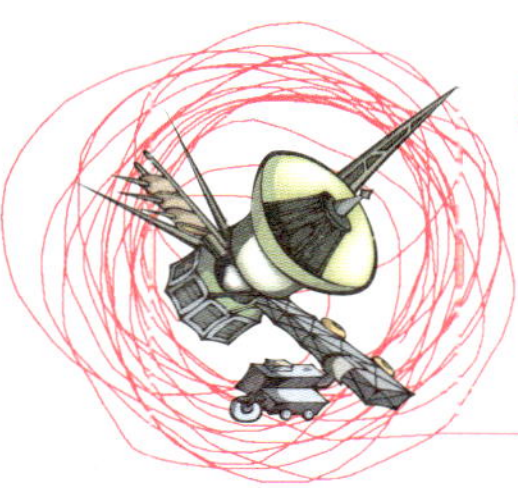

우주 비행사들은 달에서 먼지 속으로 빠진다?

희뿌연 먼지로 덮인 달의 모습을 상상할 수 있다. 그런 먼지 위로 우주선이
착륙하게 되면 우주선도 비행사도 보이지 않게 되는 게 아닐까?
그런데 이 먼지들의 정체는 무엇일까?

많은 천문학자들은 최초로 달에 착륙하기 전, 우주 비행선이 부드러운
먼지로 이루어진 수십 미터의 두터운 달의 지표 속으로 빠지게 되어서 실
종될 것이라는 걱정을 많이 했다. 공상 과학 소설의 작가들은 최초의 유
인 우주선이 달에 착륙하기 몇 년 전까지도 그렇게 달을 표현했다. 예를
들면, 아서 C. 클라크(Arthur C. Clarke)가 쓴 1961년의 작품인 『달의 먼지
속으로 가라앉다』에서는 한 여객기가 먼지 속에서 거의 흔적도 없이 사라
진다.

달의 표면이 먼지로 덮여 있는 것은 사실이다. 크고 작은 운석들이 끊
임없이 달 위로 떨어지고, 암석 물질들을 먼지로 만들어 퍼뜨린다. 최초
로 달에 갔던 우주비행사인 닐 암스트롱은 이렇게 보고했다.

"달의 표면은 곱고 가는 분말 상태였고, 이 가루가 내 신발의 둘레에 마치 초크 가루
처럼 얇은 층으로 달라붙었다. 이 고운 물질에 찍힌 내 발자국들을 뚜렷하게 알아볼 수
있었다."

이런 달의 먼지층은 2~8미터의 두께이며 어떤 부분에서는 15미터에 이르기도 한다. 그러나 다행스럽게도 입자들이 서로 단단히 붙어 있어서 사람이 그 속으로 빠지는 일은 거의 없다. 그리고 달에는 공기가 없기 때문에 화성의 먼지 폭풍과 같은 일은 당연히 일어나지 않는다. 또한 회오리치던 먼지 구름들도 빠르게 사라진다. 공기가 없어 부력을 받지 못하는 달의 먼지들은 지표 위에 떠 있지 못하고, 마치 돌멩이처럼 금방 바닥으로 떨어지기 때문이다.

사람들은 달의 먼지를 표토(Regolith)라고 부른다. 이것은 많은 부분이 녹았다가 다시 딱딱해진 암석들에서 생긴 작고 유리 같은 알갱이다. 이 먼지는 지극히 고운 입자로 되어 있어서 한 번 찍힌 발자국은 선명하게 남는다. 아폴로 11호를 타고 달에 가 발자국을 남긴 암스트롱의 발자국은 40년 이상이 지났어도 예전 그대로의 모습으로 남아 있다.

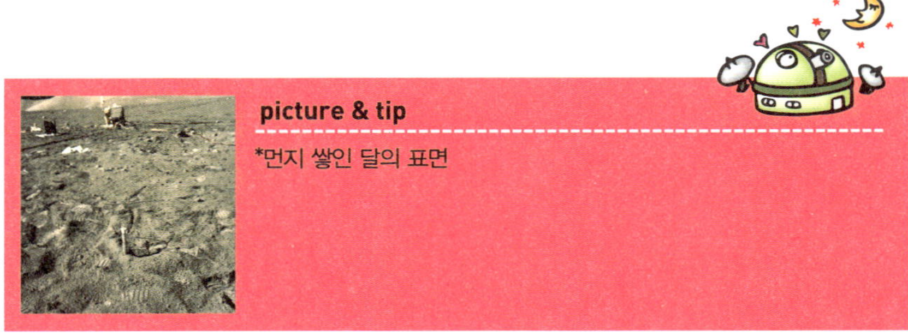

picture & tip

*먼지 쌓인 달의 표면

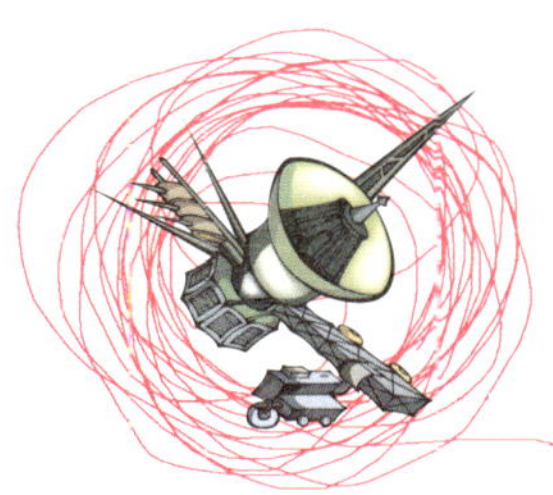

하늘에서는 어떤 별도 떨어지지 않는다?

하늘에서 반짝여야 할 별이 갑자기 지구로 떨어지면 어떤 일이 벌어질까?
지금은 운석이라 불리는 돌이 갑자기 하늘에서 쏟아졌을 때, 옛날 사람들은 이것을
별에서 떨어진 성스러운 물건으로 여겼다. 과연 운석은 성스러운 물건일까?

학문은 분명히 미신과의 싸움에서 큰 공을 세웠다. 그러나 때로는 학자들의 이런 노력이 도가 지나쳤던 경우도 있다. 원래 수천 년 전부터 가끔 돌이나 금속 조각들이 천둥이나 번개와 함께 하늘에서 지구로 떨어졌다고 알려져 왔다. 이런 물체들은 하늘에서, 그러니까 신의 영역에서 온 것이기 때문에 사람들은 그것을 신의 선물 혹은 신의 전령이라고까지 여겼다. 그래서 이런 물체를 높이 받들고 때로는 이를 위해 특별한 신전을 짓기도 했다. 아라비아 반도의 메카에 있는 이슬람교의 성스러운 신전인 카바(Kaaba)에 있는 신성한 검은 돌이 그 예다.

그러나 그 후, 천문학의 발달로 달과 행성들은 천체들이며 결코 신이 아니라는 사실을 모두가 알게 되었다. 그러니까 하늘에서 지구로 전령을 보내는 일 같은 것은 있을 수 없다는 뜻이다. 이때부터 그런 이야기는 옛날 이야기가 되었

고, 목격자들의 보고도 흔히 우스운 이야기로 무시되었으며 더 이상 관심을 기울이지 않았다. 그렇지만 사람들은 때때로 발견되는 불에 탄 듯 보이는 특이한 돌에 대해서 토론했다. 그러나 과학자들은 이런 자국이 번개 때문에 생긴 것이라고 생각했다. 어쨌든 돌이 하늘에서 왔다는 가정보다는 이 이론이 훨씬 더 그럴 듯 했다.

물리학자인 에른스트 F.F. 클라드니가 이런 현상을 처음으로 진지하게 관찰했다. 그는 유럽 전역에서 그런 물체들의 발견과 추락에 관한 보고서들을 수집했고 의문의 물체들을 직접 검사했다. 1794년, 클라드니는 자신이 수집한 돌과 금속 조각들이 정말로 우주에서 지구로 떨어졌다는 것을 증명했다. 물론 그의 이론은 처음에는 많은 학자들의 반대에 부딪쳤다.

1803년에 프랑스의 브르타뉴 지방에 2,000개의 암석 조각들이 비처럼 내렸다. 파리학술협회는 물리학자인 장 밥티스트 비오를 그 장소로 보내 하늘에서 떨어진 암석 조각들을 조사하도록 했다. 장 밥티스트 비오는 그 암석 조각들이 하늘에서 떨어진 것이 사실이라는 보고서를 파리학술협회에 제출했다. 클라드니의 생각이 옳았던 것이다.

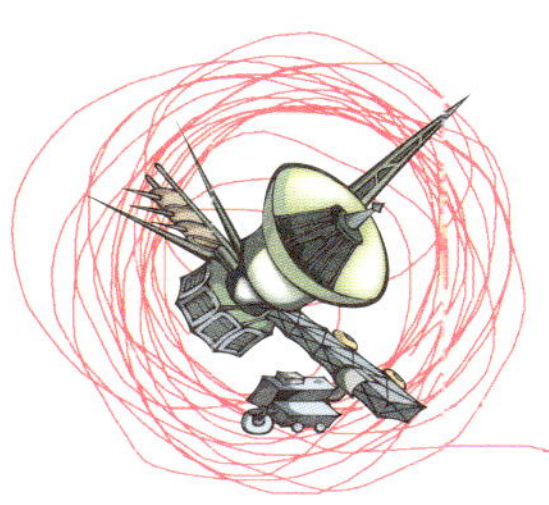

지구가 자전하는 시간은 24시간이다. 달은 지구보다 작은 천체이니
아마도 자전 시간이 더 짧을 것이다. 달의 하루는 지구보다 얼마나 짧을까?

아마도 이런 착각은 달이 더 작기 때문에 생겼을 것이다. 그러나 달의
하루는 29일이나 계속된다. 이 시간의 반, 그러니까 14일 동안은 해가 빛
나고 나머지 반은 달의 밤이 지배한다.

만약에 지구의 하루가 달의 하루처럼 길었다면 지구는 끔찍한 곳이 되
었을 것이다. 낮 동안 태양의 빛이 참을 수 없을 만큼 높은 온도를 만들
고, 밤에는 지금보다 훨씬 더 추울 것이다. 물론 공기와 바닷물이 이러한
기온의 차이를 부분적으로는 보완시키겠지만 그 대가로 엄청난 폭풍과
거대한 바다의 홍수를 겪게 될 수도 있다.

그러나 달에는 공기도 없고 물도 없다. 그래서 지구에서와 같은 일은
일어나지 않는다. 태양이 빛날 때는 달 표면이 약 120℃까지 뜨거워진다.
그래서 낮에 달에 착륙했던 우주 비행사들은 뜨거운 암석 먼지들 위를 걸
어 다녀야 했다.

이와는 반대로 밤에는 달의 온도가 –130℃까지 내려간다. 달의 암석들
은 낮에 흡수했던 열기를 빠르게 밖으로 내놓는다. 이것은 달이 스스로
방어할 수 있는 공기층이나 제대로 된 구름을 가지고 있지 않기 때문이
다. 그리고 태양의 빛도 들어갈 수 없는 깊고 푹 파인 크레이터 안은 심지

어 −233℃까지 내려간다. 이런 크레이터들은 태양계에서 가장 추운 곳에 속한다.

picture & tip

*하루가 29일이나 되는 달

돈을 내면 별의 이름을 지을 수 있다?

돈에 관한 것이라면 사람들의 상상력은 거의 상상을 초월할 정도다. 그리고 최고의 이윤은 돈이 들지 않은 것을 이용해서 얻어진다. 예를 들면 별과 같은 것들 말이다.

가장 밝은 행성들은 사람들의 눈에 일찍 띄었고, 당연히 오래전에 이름이 지어졌다. 대부분은 베텔게우스, 시리우스, 혹은 안타레스와 같이 아라비아어 혹은 그리스어에서 유래되었다. 천문학자들은 여기서 더 나아가 별들의 밝기를 분류하고 그리스의 알파벳을 붙여서 표기하였다. 별자리에서 가장 밝은 별은 알파벳 '알파'를, 두 번째로 밝은 별은 '베타'를 붙였고 그 다음도 계속 이런 방식으로 표시했다. 그 옆에는 별자리의 약자가 함께 붙여졌다. 그래서 Alpha Cyg는 백조자리(라틴어로는 Cygnus)에서 가장 밝은 별을 의미한다. 밝기가 약한 별들은 번호를 매기거나 하늘에서의 좌표를 통해 표시되고 있다. 이렇게 별에 이름을 붙이는 일을 담당하고 책임지는 곳은 개인 회사가 아니라 국제천문연맹이다.

그러나 별에 개인적으로 이름을 지어주고, 이런 이름을 경우에 따라서 어딘가에 저장하는 일도 결코 금지되어 있는 것은 아니다.

예를 들면, 요즘 한 독일 회사가 소비자들에게 제공하고 있는 것처럼 별의 이름 붙이기는 좋은 선물이 될 수도 있다. 특히나 문서, 성도 그리고 몇 가지 천문학적인 정보가 함께 곁들여진다면 오히려 이런 선물이 천문학에 대한 관심을 불러일으킬 수도 있을 것이다. 단 이렇게 지어진 이름들은 공식적인 이름들과는 전혀 아무런 연관이 없다는 사실이다.

그런데 미국의 어떤 회사에서는 소비자가 돈을 내면 별에 원하는 이름을 – 자신의 것이든 혹은 사랑하는 사람의 것이든 – 붙일 수 있고 이 이름이 공식적으로 성도에 기입되며 천문학자들에 의해서도 사용될 것이라고 선전하는 회사들이 있다. 이런 선전은 당연히 사실이 아니며 한마디로 속임수에 불과하다.

만약 여러분이 정말로 자신의 이름을 가진 천체를 하늘에서 찾고 싶다면 무엇보다도 혜성의 발견자가 되어야 한다. 그러기 위해서 여러분에게 필요한 것은 특별히 성능 좋은 쌍안경과 맑고 캄캄한 하늘, 별에 대한 풍부한 상식, 충분한 시간 그리고 더 많은 행운이다. 매년 여러 개의 꼬리별 혜성들이 나타났으며, 특히 아마추어들이 많이 발견했다. 일반적으로 전문적인 천문학자들이 혜성을 찾기에는 많은 노력이 필요하므로 시간이 부족하다.

　혜성에는 전통적으로 그것을 처음 발견한 사람의 이름을 붙이게 되어 있다. 그것도 아주 공식적으로 말이다. 약간의 행운만 있다면 몇 개월 뒤에는 여러분의 이름을 가진 혜성이 하늘에서 밝게 빛나게 될 것이다. 그렇게 되면 여러분은 자신의 이름을 단지 천문학 서류에서뿐 아니라 세계의 모든 신문에서도 발견하게 될 것이다.

황도에는 12개의 별자리가 있다?

아직도 많은 사람들이 별자리 점을 믿는다. 그래서 12개의 별자리 중 자신의 별자리를 소중히 기억한다. 그러나 사람들의 인생이 12개로 나뉜 것만은 아닐 것이다. 그처럼 하늘의 별자리도 딱 12개로 정해진 것은 아니지 않을까?

옛날부터 태양과 행성들이 움직이는 궤도에 놓여 있는 별자리들을 황도 12궁이라고 불렀다. 그리스인들은 이런 별자리들을 보고 대부분 동물들의 모습을 연상했다. 그래서 염소, 황소, 게, 전갈, 그리고 물고기 등의 이름을 붙였다.

별자리 이름들은 주로 그리스에서 전해졌다. 그러나 이런 별자리들은 고대에는 정확하게 구분되어 있지 않았고, 하늘에서 대략적인 위치를 파악하는 데 사용되었으므로, 각 나라마다 경계를 분명하게 표시했다. 이후 황도 12궁이 확장되었는데, 전갈과 방패자리 사이에 13번째 별자리로 뱀주인자리가 보태졌다.

물론 점성술사들은 새로 정해진 별자리에 대해 알려고 하지 않았다. 그들은 여전히 황도 12궁 별자리를 사용한다. 그러나 이런 점이 별로 큰 의

picture & tip

*뱀주인자리(M12)

미를 갖지는 않는다. 어차피 점성술사들은 천체의 실질적인 위치에는 관심이 없으며 결국에는 2,000년이 넘은 오래된 우주의 그림을 기초로 하기 때문이다.

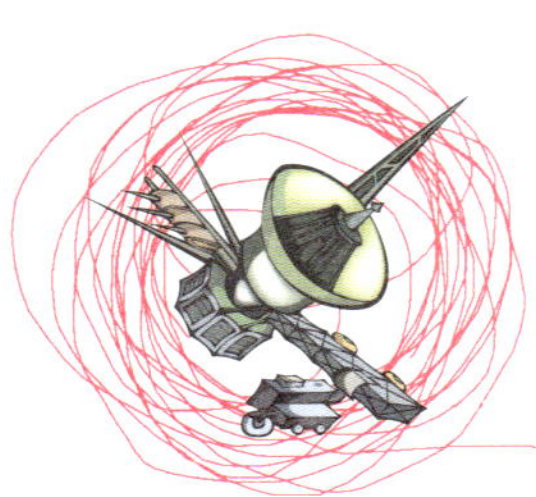

달은 보름달일 때 가장 잘 관찰할 수 있다?

달을 관찰하려면 어떤 모습일 때가 가장 적당할까? 달의 자세한 부분들이
뚜렷하게 잘 보이려면, 아무래도 크고 밝은 보름달일 때가 좋지 않을까?

물론 맨눈으로 볼 때는 보름달이 가장 잘 보인다. 그러나 쌍안경이나
망원경으로 달을 관찰할 때는 보름달이 오히려 적당하지 않다. 이때는 태
양이 캄캄한 달을 정면으로 비추고 있기 때문에, 달 표면에 있는 지형들
에 그림자를 거의 만들지 않는다. 그런데 지구에서 볼 때는 어느 정도 검
은 색의 그림자가 있어야 입체감을 느낄 수 있고, 달의 표면에 있는 지형
들을 뚜렷하게 관찰할 수 있다. 따라서 보름달이 아닌 반달이나 초승달일
때 달의 분화구나 언덕, 그리고 계곡들은 훨씬 더 입체적으로 보인다.

그럼에도 불구하고 보름달을 망원경으로 보는 일은 그만한 가치가 있
다. 여러 개의 크레이터들에서 시작해 수백 킬로미터나 표면 위로 이어지
는 빛나는 광선이 특히 더 잘 보이기 때문이다. 이런 크레이터들은 아마
도 운석과의 충돌 때문에 생겼고, 달의 다른 표면보다 더 밝은 암석들로

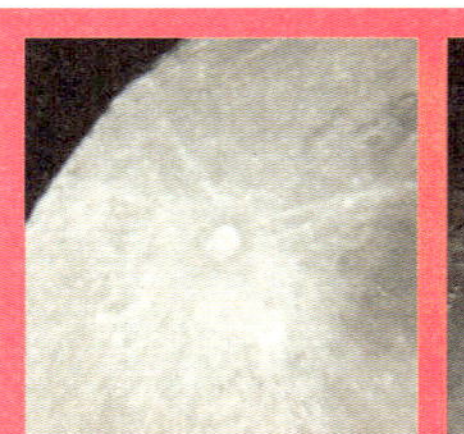

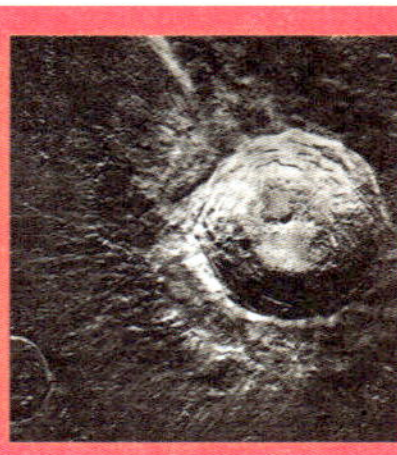

picture & tip

*달의 크레이터 티
코, 케플러, 아리
스타르코스

이루어져 있을 것으로 보인다.

특히 아름다운 크레이터는 '티코'이다. 또한 아름다운 고리 모양의 산지가 있는 '코페르니쿠스', 조금 더 작은 이웃 크레이터인 '케플러', 그리고 크기가 40킬로미터나 되는 '아리스타르코스' 등이 달에서 가장 밝은 크레이터들로 알려져 있고, 이들은 달이 보름달일 때 가장 잘 볼 수 있다.

청소년이 꼭 알아야 할 우주 상식 100가지

선생님도 모르는 우주 이야기

초판 1쇄 발행 2006년 7월 15일
초판 3쇄 발행 2012년 3월 25일

지은이 라이너 괴테 | **옮긴이** 신혜원 | **감수** 손영운 | **펴낸이** 김종길

편집부 임현주 · 이은지 · 이경숙 · 김아람 | **디자인부** 정현주 · 박경은 | **마케팅부** 김재룡 · 박용철
관리부 이현아

펴낸곳 글담출판사 | **출판등록** 제7-186호
주소 (132-898) 서울시 도봉구 창4동 9번지 한국빌딩 7층
전화 (02)998-7030 | **팩스** (02)998-7924
홈페이지 http://www.geuldam.com
이메일 bookmaster@geuldam.com

ISBN 89-86019-92-2 03400
잘못 만들어진 책은 바꾸어 드립니다. 책값은 표지에 있습니다.

국립중앙도서관 출판시도서목록(CIP)

선생님도 모르는 우주 이야기 : 청소년의 꼭 알아야 할 우주 상식100가지 / 라이너 괴테 지음 ; 신혜원 옮김 ; 손영운 감수. — 서울 : 글담, 2006 　　p. ;　　cm	
표지부서명: 과학 시간이 재미있어지는 신비한 우주 이야기 ISBN 89-86019-92-2 03400 : ₩11800	
440-KDC4	CIP2006001391

글담출판사는 독자 여러분의 의견에 항상 귀 기울이고 있습니다.
책에 관한 아이디어와 원고 투고를 언제나 기다리고 있습니다. 머뭇거리지 말고 문을 두드리세요.